smart in media

Robert Birch

BEREITSCHAFTS ALARM

Smart In Media Medienagentur
3. Auflage, Originalausgabe

Umschlaggestaltung: Buchner Graphic (www.buchnergraphic.de)
Printed in Germany
Druck und Bindung: Ebner & Spiegel, Ulm
ISBN 978-3-00-022301-3

Kontakt und Bestellungen unter:
www.bereitschaftsalarm.de

für das Rettungsteam des Städtischen Klinikums und des ASB

und für unsere Patienten.

Hinweise

Die Namen aller Patienten, Ärzte, Rettungsassistenten und Mitarbeiter sowie Straßennamen und Hausnummern wurden geändert.

Alle Einsätze sind wahrheitsgemäß wiedergegeben. Einige Dialoge und Handlungsstränge sind jedoch fiktiv.

Die verwendeten Fachbegriffe sind am Ende des Buches alphabetisch im Glossar aufgeführt (ab S. 261).

Mein Herz schlägt wild. Ich fühle, wie mir der Schweiß ausbricht und mir dabei die Absurdität, das Irreale des Momentes klar wird. Ich hocke auf dem Boden in einer fremden Wohnung und bewege meinen Oberkörper mit den nach unten durchgedrückten Armen auf und ab. Mein Herz schlägt wild, und das des Mannes, der vor mir mit all seinen Schläuchen und Kabeln liegt, hat vor etwa fünfzehn Minuten aufgehört zu schlagen.

Die Situation ist so unwirklich;

um mich herum das Team in professioneller Ruhe, während ich vor Aufregung um Konzentration ringe; begleitet durch das mechanische Schnaufen der Beatmungsmaschine, die vor einem Regal auf dem Boden in diesem kleinen Schlafzimmer steht. Ich darf nicht zu schnell drücken. Wie soll ich zählen? Ich zähle laut. Stimmen um mich herum, aber ich konzentriere mich auf die regelmäßigen Kompressionen. Meine Jacke schrammt an meiner Hose und macht Geräusche. Ich atme schneller.

Nebenan Weinen.

Los, komm schon!

Städtisches Klinikum
Montag, 08:00 Uhr im Juni

Ich betrat zögerlich den großen, hellen Aufenthaltsraum der zentralen Notaufnahme. Eine ältere Krankenschwester mit unmutigem Blick sah mich fragend an.

»Hallo, mein Name ist Birch. Ich fahre eine Woche als Praktikant mit. Ist Herr Bergmüller da?«

Sie wandte mir den Rücken zu und griff nach ihrer Kaffeetasse. »Nein, die sind heute Morgen schon raus zu einem Einsatz.«

Ich war verwirrt: »Fängt der Dienst denn früher als acht Uhr an?«

»Ja, um sieben.«

»Na, toll«, murmelte ich.

»Tja, früher kommen.«

»Danke, das ist mir jetzt auch klar.« Diese Schwester ging mir jetzt schon auf den Geist. Ärzte und Krankenschwestern. Entweder man versteht sich auf Anhieb oder überhaupt nicht. Etwas dazwischen gibt es selten. Ich ignorierte ihre Laune. Ich hatte keine Lust, den Schüchternen und Unterwürfigen zu mimen, warf meinen Rucksack auf eine in der Ecke stehende Couch und ließ mich gespielt gelassen auf sie sinken. Ich zog meine weiße Arzthose gerade, öffnete den Rucksack und holte ein paar medizinische Veröffentlichungen heraus, die ich noch lesen musste. »Dann warte ich hier«, sagte ich, um die Krankenschwester mit meiner Wohlfühlgeste nicht zu sehr zu verärgern.

»Hmmm«, machte sie, stellte ihren Kaffee beiseite, nahm sich eine dünne Patientenakte und verschwand.

Die Sonne schien durch die geöffneten Fenster. Es war bereits am Morgen richtig warm. Ich nahm mir eine der Publikationen vor und versuchte zu lesen. Ich war viel zu aufgeregt, um mich konzentrieren zu können. So ging es mir jedes Mal, wenn ich an einer neuen Arbeitsstätte begann. Dabei kannte ich die Klinik mit all ihren Räumen und Ecken bestens, viele der Ärzte kannte ich persönlich oder zumindest mit Namen. Ich hatte mir Urlaub genommen, um eine Woche lang den Notarzt begleiten zu können. An mindestens zehn lebensrettenden Einsätzen würde ich in dieser Woche teilnehmen müssen, um die Fachkunde ‚Rettungsdienst' zu erhalten. Neben einem Praktikum, welches ich ein dreiviertel Jahr zuvor absolviert hatte, und klinischer Erfahrung waren das die Voraussetzungen. Der Fachkundenachweis war notwendig, um als Notarzt arbeiten zu dürfen, eine Qualifikation, die in einigen Krankenhäusern von Ärzten verlangt wurde. Es gab keinen Facharzt für Rettungsmedizin, tatsächlich war es hauptsächlich Sache von Anästhesisten, Internisten und Chirurgen, die Dienste zu besetzen. Allerdings konnte in Deutschland jeder Arzt, auch Pathologen und Laboratoriumsmediziner, die den Nachweis erbrachten, als Notarzt durch Deutschlands Straßen fahren. Ich war schon seit zwei Jahren in der Abteilung für Innere Medizin und betreute auf einer allgemeininternistischen Station hauptsächlich gastroenterologische und kardiologische Patienten. Ich hatte meine Zeit als Arzt im Praktikum beendet, stand jedoch noch am Anfang meiner Weiterbildung zum Internisten und war noch ziemlich ‚grün hinter den Ohren'. Mir fehlte vor allem Erfahrung mit Intensivmedizin, die für die Rettungsmedizin so wichtig ist.

Ich wandte mich wieder meinen Veröffentlichungen zu und schaffte es, einige Absätze zu lesen. Als ich Schritte hörte, blickte ich auf. Herein kam ein großer und korpulenter Arzt mit um den Hals geschlungenem Stethoskop. Er hatte schwarzes, volles Haar, das sauber gescheitelt seinem runden Gesicht anlag. Er kniff seine Augen hinter seiner Brille mit goldenem Gestell zusammen. Er trug ein weißes Oberteil und eine weiße Hose. Aus den kurzen, zu engen Ärmeln ragten seine kräftigen Arme.

»Hallo!«, begrüßte er mich ernst. Ich erhob mich, gab ihm die Hand und stellte mich vor: »Robert Birch«. Ich nannte meinen Vornamen, um ihm die Option zu geben, mich zu duzen. Er war auch jung, vielleicht Anfang dreißig, und es war unter Assistenzärzten üblich, sich zu duzen.

»Andreas Jacobi«, sagte er. »Du machst jetzt hier dein Praktikum für den Rettungsdienst?«

»Ja, genau.«

»Ja, der Herr Bergmüller ist schon draußen. Die Schicht fängt um sieben Uhr an.«

Ich blickte missmutig und antwortete: »Habe ich auch gerade gemerkt. Ich bin etwas internistischere Zeiten gewöhnt.«

Er schien zu überlegen, ob er noch etwas sagen sollte, nickte aber nur und wandte sich dem Telefon zu. Er fragte die einzelnen Stationen nach freien Betten ab. Anscheinend war er der diensthabende Anästhesist, der die Notaufnahme heute versorgen würde. In der Klinik gab es eine zentrale Notaufnahme für alle medizinischen Disziplinen. Der Diensthabende, ein Anästhesist, sah sich die Patienten an und entschied dann, in welches Fachgebiet die jeweilige Erkrankung fiel, mit der der Patient sich vorstellte. Dann wurde der zuständige Diensthabende des betreffenden Faches angefunkt, der dann den Patienten sah und weitere Schritte einleitete. Das System war sinnvoll und praktikabel, hatte aber den Nachteil, dass der Patient manchmal vier Personen hintereinander sah und jedem seine Geschichte erzählen musste. Die Wartezeiten waren ebenfalls häufig unerträglich lang.

Als ich Andreas bei der Arbeit sah, überlegte ich, ob ich in der folgenden Woche interessante Fälle in der Notaufnahme würde verfolgen können, schließlich wurden nicht ununterbrochen Einsätze gefahren.

»Du bist jetzt eine Woche hier?«, fragte Andreas.

»Ja, ich kriege nur eine Woche Urlaub.«

Er lehnte sich selbstgefällig zurück. »Naja, die meisten kriegen hier ihre zehn Einsätze zusammen. Aber wenn nicht..., wär´ natürlich ärgerlich.«

»Wird schon klappen«, sagte ich.

Gleichgültig zuckte er mit den Schultern und wandte sich wieder dem Telefon zu. Ich blickte auf meine Publikation, um irgendetwas zu tun. Als Arzt hat man das Gefühl, man müsste irgendwie ständig etwas Sinnvolles tun, wenngleich ich durch die eng bedruckten Seiten hindurchstarrte. Auf Station gab es keine ruhige Minute. Ständig arbeiten. Unbezahlte Überstunden häuften sich von Woche zu Woche. Da fiel es nun schwer, einfach nur so dazusitzen.

Zehn Minuten später kam ein Mann mit roter Hose und weißem Poloshirt elanvoll zur Tür herein. Ich musterte ihn. Blonde, militärisch kurz gestutzte Haare. Das Gesicht war schmal und wurde von einer spitzen Nase dominiert. Der Mann hatte die dünne, aber zähe und sehnige Gestalt eines Marathonläufers. Ich schätzte ihn auf Ende dreißig oder Anfang vierzig. Er musste Dr. Peter Bergmüller sein, Oberarzt in der Anästhesie und Leiter der Notaufnahme und des notärztlichen Rettungsdienstes der Klinik.

»Hallo, Sie sind sicher Herr Birch!«, begrüßte er mich.

Ich stand auf und gab ihm die Hand.

»Wir fangen hier um sieben Uhr an!«

»Ja, tut mir Leid, ich dachte, um acht.«

»Schade, Sie haben schon einen Einsatz verpasst.«

Sabine, die ältere, missmutige Krankenschwester, war mittlerweile wieder hereingekommen und fragte: »Was war es denn?«

»Ein Säugling, der keine Luft mehr bekam. Wir haben ihn in die Kinderklinik gebracht.«

Ich stellte mir die Situation vor. Irgendwo in einer fremden Wohnung kommt man zu einer Familie mit Säugling, der keine Luft kriegt. Da konnte man als Arzt schon Beklemmungen bekommen. Aber gab es einen Grund, dass ich nervös werden sollte? Ich war ja zunächst nur Zuschauer. Zweifel kamen in mir hoch, als ich mir einen Unfallort mit mehreren Verletzten vorstellte. Da könnte ich ja nicht einfach nichts tun und zugucken, sondern müsste helfen. Also doch Nervosität.

Dr. Bergmüller durchmaß den Raum mit großen, federnden Schritten um sich Kaffee zu holen. »Wollen Sie auch einen Kaffee?«

»Nein, danke.«

Er zuckte mit der Schulter. »Okay.«

Als nächstes kam ein älterer Mann, den ich auf Mitte vierzig schätzte, herein. Er trug eine rote Jacke mit dem gelb leuchtenden Rückenaufdruck ‚Rettungsassistent'. Er nickte mir zu, setzte sich zu Dr. Bergmüller und nahm sich einen Kaffee.

Dr. Bergmüller stellte uns vor. »Das ist Herr Dr. Birch, der diese Woche mit uns sein Praktikum macht, das ist Herr Mand, unser Rettungsassistent.«

Der Rettungsassistent nickte mir mit versteinerter Miene zu.

»Am besten gebe ich Ihnen zuerst mal Ihren Funker«, unterbrach Dr. Bergmüller die Stille. Rasch stand er auf und bewegte sich schnellen Schrittes aus dem Raum. Ich folgte ihm in den Nebenraum.

»Hier hängt eine Jacke.« Er deutete auf eine orangefarbene Jacke mit dem Rückenschriftzug ‚Rettungsdienst'. »Probieren Sie mal.«

Ich zog sie an. Sie passte, sah jedoch schon ziemlich abgetragen aus. In der linken Brusttasche steckten einige Infusionsnadeln, die wir auch ‚Viggo' oder ‚Zugang' nannten, in unterschiedlichen Größen und Farben. »Die nehmen Sie einfach mit. Die werden wir schon brauchen«, sagte er, als er meinen Blick bemerkte.

Schon jetzt hatte ich schwitzige Hände, obwohl wir noch keinen Einsatz hatten. Ich kannte einige Notfallsituationen von meiner Stationsarbeit, hatte jedoch keine Routine. Ich war bislang einfach noch zu unerfahren in der Rettungsmedizin und wusste deshalb nicht, was auf mich zukommen würde. Was würde Dr. Bergmüller von mir erwarten? Ich wollte nicht herumstehen. Gerade in schwierigen Situationen gibt es nichts Störenderes als herumstehende Personen.

Dr. Bergmüller ging zu seinem Schreibtisch im Dienstarztzimmer und holte ein kleines schwarzes Gerät mit dem silberfarbenen Firmenaufdruck hervor.

»Das«, begann er, »ist ab jetzt Ihr Feuerwehrfunker, den Sie immer bei sich tragen. Wenn der piept und Sie nicht rechtzeitig am Auto sind, sind wir schon weg. Wir warten nicht auf Sie.«

»Schon klar«, sagte ich und nahm den Funker entgegen. Das war nun mein zweiter. Mein erster war ein normaler Kliniksfunker mit Nummerndisplay. Der Feuerwehrfunker hatte nur einen einzigen roten Knopf.

»Hier können Sie Probealarm auslösen«, erklärte Dr. Bergmüller und drückte auf den Knopf, als hätte er meine Gedanken erraten. Das ruhige Zimmer wurde von einem langgezogenen, lauten Piepen durchschnitten, das sich dreimal wiederholte, um dann von einer mechanischen Frauenstimme gefolgt zu werden: »Bereitschaftsalarm, Bereitschaftsalarm!«

Ich strahlte. »Cool!«, nahm den Funker und klemmte ihn an meinen Gürtel.

Dr. Bergmüller lächelte über meine Begeisterung. »Na, dann kann ich jetzt ja frühstücken. Möchten Sie auch ´was?«

»Nein danke, ich habe schon.«

»Na, Sie hatten ja auch viel Zeit.« Ein Augenzwinkern.

Ich hatte tatsächlich schon gefrühstückt, aber weniger als sonst, weil ich nicht wusste, ob das Notarztfahren einen starken Magen erforderte.

Zurück im geräumigen Aufenthaltsraum setzte ich mich zu den anderen. Mit mir saßen zwei Schwestern, zwei Ärzte, ein Rettungsassistent und ein Dienst-PJ´ler am Tisch. Ich sagte nichts und hörte nur zu. Ich war Gast und wollte mir erst einmal ein Bild von den Arbeitskollegen für diese Woche machen.

Das Gesprächsthema war ein neuer Notarztwagen, der nun an der Klinik als Testfahrzeug zum Einsatz kommen sollte. Bisher war das Rettungsfahrzeug ein VW Passat gewesen.

»Wir werden nachher mal zur Feuerwache fahren und den Wagen abholen.«

»Was kriegt ihr denn für ´nen Wagen?«, fragte Sabine, die mich immer noch keines Blickes würdigte.

»Einen Audi A4.«

»Ist das nicht so ein Familienauto?«, fragte sie verwundert.

»Ja, aber das ist doch genau das Richtige. Wir sind doch eine große Familie, Sabine«, entgegnete Dr. Bergmüller und lächelte in seine Kaffeetasse.

»Ja, das wüsst´ ich aber«, rief sie. »Wenn ich dich noch in meiner Familie hätte!«

»Ist doch praktisch, so einen Notarzt in der Familie zu haben«, warf Melanie, die andere Krankenschwester, ein.

»Brauch ich nicht. Ich kann das auch alles selbst«, sagte Sabine.

Ich lachte. Dr. Bergmüller wandte seinen Blick zu mir. »Das sind die Dinge, die man hier als Arzt ertragen muss. Dazu gehört auch, mit Schwester Sabine zusammenzuarbeiten.«

»Verstehe«, sagte ich knapp und presste die Lippen zusammen und raunte dann gespielt: »Das geht mir auf Station ja auch nicht viel anders.«

»Also, ich bin gespannt auf den Audi«, sagte Andreas, ein halbes Brötchen in seinem Mund. »Den werden wir nächste Woche mal richtig treten.« Er drehte sich zum Rettungsassistenten.

»Ich habe nächste Woche keine Schicht«, antwortete dieser leise.

»Wer fährt denn mit?«, fragte Andreas.

»Ich glaube, der Rink.«

»Ah, das ist gut.« Er biss in die zweite Hälfte des Brötchens.

Dr. Bergmüller war fertig mit seinem Frühstück und ging in

das Dienstarztzimmer. Herr Mand drehte sich zu mir. »Und was machst du?«

»Innere. Ich bin auf der Allgemeinstation.«

Er nickte und blickte an mir vorbei ins Leere. Dann drehte er sich zu Andreas: »Internisten hatten wir schon häufiger hier als Praktikanten.«

»Besser als Chirurgen«, erwiderte dieser.

Anästhesisten und Chirurgen, die ewige Fehde. Häufig entstanden Konflikte bei dieser – oft merkwürdigen – Arbeitsbeziehung. Das lag zumeist an Kompetenzgerangel. Zwei Ärzte verschiedener Disziplinen beschäftigen sich gleichzeitig mit einem Patienten. Der Chirurg stellt die Operationsindikation, der Anästhesist bezweifelt sie, der Chirurg fordert den nächtlichen Eingriff, der Anästhesist verschiebt es in den Tagdienst, der Chirurg möchte operieren, der Anästhesist sieht ein Problem, der Chirurg hat noch nicht einmal eine Anamnese gemacht, der Anästhesist verlangt sie, der Patient ist dem Chirurgen ‚zu wach', dem Anästhesisten dauert die OP zu lange, und so weiter.

»Du kennst doch den Unterschied zwischen Internist, Chirurg und Anästhesist?«, fragte Andreas uns kollektiv und fuhr unbeirrt fort, »der Internist weiß alles, kann aber nix, der Chirurg kann alles, weiß aber nix, und der Anästhesist, der kann alles und weiß alles.«

»Jaja, und der Pathologe kann alles, weiß alles, aber es ist meistens schon zu spät«, beendete ich den alten Witz. »Wie viele Einsätze habt ihr denn hier pro Tag?«, wechselte ich das Thema. Ich wurde zunehmend entspannter in meiner neuen Situation.

»Also, laut unserer Statistik etwa fünf pro Tag«, erklärte Andreas, »das ist zwar nicht sonderlich viel, wenn man das mit anderen Kliniken vergleicht, aber davon sind cirka fünfzig Prozent lebensrettend.«

»Ist das bei anderen Krankenhäusern denn weniger?«

»Klar. Wenn du zum Beispiel das Krankenhaus West nimmst, die haben ja ein ganz anderes Einzugsgebiet. Die haben...«

»...die ganzen Besoffenen«, beendete Herr Mand, weiterhin den Blick ins Leere gerichtet.

»Außerdem kriegt unsere Klinik häufiger größere Unfälle zugewiesen, wenn es um Polytraumen geht und so.«

Ich rechnete. Fünf Einsätze pro Tag durch zwei, mal fünf Tage, das machte genau zwölf Komma fünf lebens- und für mich fortbildungsrettende Einsätze.

Langsam könnte mal etwas passieren. Ein Blick zum Funker an meinem Gürtel. Noch in trügerischer Ruhe. Ich fuhr mit dem Zeigefinger über den silberfarbenen Schriftzug. Der Funker blieb jedoch stumm.

Dr. Bergmüller kam zur Tür herein. »So.« Er rieb sich die Hände. »Wollen wir mal zum ASB fahren?«

»Gute Idee«, sagte ich, »ich habe nämlich meine schriftliche Zusage von Herrn Büker noch nicht. Und er bekommt noch Geld von mir.«

Der Arbeiter-Samariter-Bund stellte die Rettungsassistenten, Sanitäter und Wagen für den Notarzt des Städtischen Klinikums.

Die Schwestern erhoben sich. »Das haben wir gern. Noch nicht mal abgeräumt und schon fahren sie wieder. Und lassen alles stehen.«

»Stimmt nicht. Ich habe meinen Teller schon abgeräumt«, erwiderte Dr. Bergmüller in freundlichem Ton.

»Und was ist das?« Sabine deutete auf einen der benutzten Teller auf dem Tisch.

»Ich glaube, das hat Herr Kollege Jacobi hinterlassen.«

»Was?« Andreas drehte sich mit Hörer am Ohr auf seinem Bürostuhl.

»Ach nix. Wir gehen jetzt.«

»Tschüss«, Andreas drehte sich wieder zurück, während Sabine nur den Kopf schüttelte.

Mit großen Schritten lief Dr. Bergmüller aus der Notaufnahme zu einer großen Garage, in dem der Notarztwagen, ein älterer VW Passat, geparkt war. Er ging an die Seite des Benzintanks und zog einen Stecker aus der Dose.

»Wozu ist der denn?«, fragte ich.

»Der lädt den Akku für den Defibrillator, also den ‚Defi', wie wir ihn nennen. Ich zeige Ihnen nachher mal unsere Ausrüstung!«

Herr Mand ging zu einem Schalter, der in der Wand eingelassen war und öffnete damit das Tor der Garage. Danach schloss er den Wagen auf. Ich setzte mich auf die Rückbank, auf der nur ein Sitz frei war. Der Platz neben mir war mit einem weißen Holzschränkchen zugebaut. Wir verließen die Garage. Es sah ein wenig aus wie eine dieser Szenen in Science-Fiction-Filmen, wenn Raumschiffe ihren Hangar verlassen. Wir fuhren eine Rampe herab, hielten am Bürgersteig und gliederten uns in den Verkehr ein. Kurze Zeit später hatten wir bereits unser Ziel erreicht, den ASB. Dr. Bergmüller ging voran und erklomm die vor uns liegenden Treppen im Gebäude, indem er drei Stufen gleichzeitig nahm. Ich fragte mich, warum er es so eilig hatte. Einige Sekunden später befand ich mich im Büro von Herrn Büker, dem Leiter dieser ASB-Stelle. Er war ein untersetzter Herr mit lebhaftem Temperament. Schnell hatten wir die bürokratischen Dinge geregelt, als er mir noch viel Spaß wünschte.

»Ei, und ihr kommt gleisch nomma widder, um den Audi einzurischten?«, fragte er uns in pfälzischem Dialekt, als er uns nach unten begleitete.

»Jaaa«, antwortete Dr. Bergmüller langgezogen und stieg in den Kombi ein.

Wir fuhren los, und bald befanden wir uns an der Feuerwache. Hier erhielten wir nach längerem Papierkrieg den neuen Wagen. Zum Erstaunen von Dr. Bergmüller war er noch nicht mit den notwendigen Medikamenten und Geräten ausgestattet. »Die müsst ihr euch noch beim ASB holen«, erklärte einer der Feuerwehrleute gelangweilt.

Also zurück zum ASB. Dr. Bergmüller fuhr den Audi, Herr Mand den VW Passat. Im Notfall müssten wir den unausgestatteten Audi zurücklassen, um mit dem Passat einen Einsatz zu fahren. Die Fahrt verlief jedoch ohne Funkruf.

»Das ist jetzt alles ein wenig langweilig für Sie«, sagte Dr. Bergmüller.

»Wieso? Ich lerne doch eine Menge neue Autos kennen«, antwortete ich. Tatsächlich freute ich mich über eine Woche ‚Urlaub' bei schönem Wetter.

Dr. Bergmüller probierte einige Knöpfe aus. Ihm bereitete der Wagen Freude. Er kam mir viel lockerer und ausgeglichener vor als die meisten Oberärzte, die ich in unserem Klinikum kannte. Es würde sicherlich eine nette Woche werden.

Beim ASB angekommen, rangierte er den Wagen in eine Garage, in der einige Rettungstransportwagen und Krankentransportwagen, kurz ‚RTW' und ‚KTW', parkten. Sofort gruppierte sich eine Traube jüngerer Rettungsassistenten um das neue Auto.

»Na, dem fahr ich morgen 'ne schöne Beule 'rein!«, witzelte einer der Rettungsassistenten.

»Wie fährt der sich denn?«, fragte ein anderer.

Herr Mand zuckte mit der Achsel. »Der Peter ist gefahren« und nickte zu Dr. Bergmüller.

»Ganz okay«, antwortete dieser gleichmütig.

Skepsis lag in der Luft. Ein neues Auto bedeutete für einen Rettungsassistenten immer eine Umstellung der Gewohnheit. Und gerade diese Gewohnheit – oder Routine – war wichtig für einen sicheren Ablauf im Rettungsdienst.

Nach einigen eher semifachmännischen Diskussionen begann das Umladen der Wagen. Ich half mit, wo ich konnte, auch wenn ich nicht wusste, wo die Geräte, Taschen und Medikamente ihren Platz hatten. Das Rettungsfahrzeug war zu klein, um Nebensächlichkeiten aufzuladen, so dass es keine überflüssigen Gegenstände gab. Ich hätte unmöglich Koffer, Sets oder nur eine Packung mit Latexhandschuhen selbständig in den neuen Wagen einladen können. Nach einer Weile hatten wir alles säuberlich in den Wagen geschichtet, als auffiel dass es keine Halterung für die Sauerstoffflasche gab. Herr Büker schien beinahe zu explodieren und ließ sich über die Schlampigkeit irgendwelcher Personen bei der Feuerwehr aus. Mir schwante eine weitere Fehde der Arbeitswelt, nämlich zwischen ASB und der Feuerwehr.

»Ei, Se können nisch mit einer unbefestischten Sauerstoffflasch dursch de Gegend fahre. Die fliescht Ihne doch um de Ohre!« Er schüttelte schnaubend den Kopf. Die noch herumstehenden Jungs verkniffen sich ein Grinsen.

Dr. Bergmüller sah ruhig zu und sagte dann: »Dann müssen wir eben nochmal zur Feuerwehr.«

»Neenee, ei, wart ma! Isch ruf da vorher ma´ an«, rief Herr Büker und verschwand.

Plötzlich durchfuhr mich das Heulen einer Sirene wie ein Stromstoß. Ich stand kerzengerade und mein Herz raste vor Schreck. Zwei Sekunden später war die Sirene schon wieder abgeschaltet, und die Jungs standen lachend um den Wagen herum.

»Die is´ ja viel zu leise!«

»Ach was, Hauptsache sie funktioniert überhaupt. Kommt ja schließlich von der Feuerwehr.« Gelächter.

»Wozu ist denn dieser Knopf?«

»Der is´ für´s Blaulicht.«

»Und der?«

»Für´s Transparent.«

Ich schüttelte den Kopf und blickte Dr. Bergmüller an. Dieser lächelte verschmitzt zu mir herüber und zuckte die Schulter.

Herr Büker kam wieder herein. »Welscher Idiot hat die Siren

eingeschaltet?«, fragte er sauer, aber etwas müde. »Ei, welscher Kaspä war des?«

Die Jungs scharrten mit den Füßen auf dem Boden und blickten durch die Gegend.

Er wandte sich zu Dr. Bergmüller. »Ihr kriescht so'ne Halterung bei de Feuerwach. Isch hab ebbe mit dene telefoniert. Die baun'se Eusch ei. De Passat könnter dann hier lasse.«

Also wieder zur Feuerwehr. Herr Mand fuhr den Audi und fachsimpelte über Beschleunigung, Fahrverhalten, Straßenlage und Bremsweg. Insgesamt schien er ganz zufrieden zu sein.

»Was wäre eigentlich gewesen, hätten wir einen Einsatz beim Umladen bekommen?«, fragte ich Dr. Bergmüller.

»Herr Mand hatte uns abgemeldet.«

»Ach, das geht?«

»Ja, wir sind ja nicht die einzigen, die in der Stadt fahren. Im Moment sind noch sechs andere Notarzteinsatzfahrzeuge oder ‚NEF' unterwegs. Allerdings sollte man solche Abmeldungen möglichst kurz halten.«

»Und was sind das für Knöpfe da?« Ich deutete auf ein Gerät an der Mittelkonsole, in der in normalen Autos das Radio eingelassen ist.

»Das Funkgerät und ein Sender, mit dem man die einzelnen Codes an die Zentrale übertragen kann. Hiermit meldet man sich ab oder zeigt an, dass man gerade einen Einsatz fährt, am Einsatzort angekommen ist oder an der Klinik steht. Oder, wenn man, wie jetzt, von einem Ort zum anderen ohne Einsatz fährt. Dann drückt man hier die 1.«

Bei der Feuerwache wurde die Halterung für die Sauerstoffflasche direkt eingebaut. Jetzt waren wir also endlich absolut einsatzbereit, und ich fieberte auf unseren ersten Einsatz. Wir fuhren zurück in die Klinik. In der Notaufnahme rannten die Krankenschwestern mittlerweile gestresst von Patienten und Hitze umher. Wir setzten uns an den Tisch und tranken eiskalte Getränke.

Es passierte nichts. Unsere Funker schwiegen.

»Ich könnte Ihnen eigentlich mal die ganzen Medikamente und Geräte auf dem NEF zeigen«, schlug Dr. Bergmüller vor und ging mit mir zum Wagen. Er holte die beiden metallenen, schweren Notfallkoffer von der Ladefläche und öffnete sie. In dem einen befanden sich in Styropor eingebettete Ampullen mit Notfallmedikamenten. Adrenalin, Lidocain, Dociton, Alupent, Atropin, Glucose, Nitroglycerin, Cortison, Nifedipin, Lasix, Ketanest, Valium, Hypnomidate, Succinylchlorid und viele mehr, sorgfältig alphabetisch sortiert.

Der andere Koffer enthielt Geräte. Stethoskop, Ambubeutel, Tuben verschiedener Größen, Laryngoskope, eine Absaugpumpe, ein Otoskop, Magillzangen, Zugänge, Infusionslösungen mit zugehörigen Infusionssystemen und ein Blutzuckergerät.

Ich betrachtete die Koffer mit wachsender Begeisterung. Sie waren effizient gepackt. Jedes wichtige Medikament und jedes lebensrettende Instrument hatte seinen vorgesehenen Platz. Dr. Bergmüller erklärte mir, auf welche Medikamente er verzichtete und welche er für wichtig hielt.

»Es gibt einige wenige Wirkstoffe, die manche Notärzte in anderen Kliniken gerne mitnehmen, die wir aber hier weglassen. Man muss immer bedenken, dass einige Medikamente lange brauchen, bis sie ihre volle Wirkung entfalten. Bis dahin kann man längst ein Krankenhaus angefahren haben und oft bessere Sachen einsetzen.«

Ich nahm eine einzelne Ampulle heraus und drehte sie in meiner Hand um den Aufdruck lesen zu können. Das Glas glitzerte im Licht, während Flüssigkeit und Luft kleine Bläschen bildeten. Ich stellte mir vor, was ein paar Tropfen aus dieser Ampulle in der Blutbahn eines Menschen auslösen konnten. Der Blutdruck stiege an, das Herz würde wie wild galoppieren, das Gesicht rot werden. Schweiß bräche aus jeder einzelnen Pore und die Atmung würde sich beschleunigen.

Adrenalin war wie ein Turbo für den Körper.

»Wir haben noch ein extra Ampullarium, das direkt neben Ihnen auf der Rückbank liegt«, unterbrach Dr. Bergmüller meine Gedanken. »Die Koffer müssen nach jedem Einsatz von den Rettungsassistenten überprüft und nachgefüllt werden.«

Ich nickte.

»Naja, und hier ist noch der Defibrillator mit 3 Kanal-Monitor. Manche fahren schon mit 6-Kanal-Geräten, dieser tut´s aber auch, um einen Infarkt oder Rhythmusstörungen zu erkennen.« Er ließ das Gerät in seiner Ladestation stehen und verzichtete auf eine Demonstration. Ich würde es ja in der Woche nicht bedienen müssen.

»Sie werden noch Gelegenheit haben, sich das Inventar eines Rettungstransportwagens ansehen zu können. Die RTWs stehen alle beim ASB.«

Ich half ihm, die schweren Koffer wieder einzuladen und fragte mich, wie es möglich sein würde, mit diesem Gewicht zum Einsatzort zu rennen.

Ich ging zum Kiosk der Klinik, in dem ich schon sehr viel Geld gelassen hatte. Ich kaufte mir eine Zeitschrift, ging zur Notaufnahme und versank dort in dem gemütlichen Sofa. Ich nahm mir die Zeitschrift vor und las einige kurze Artikel, bis mich die Lust am Lesen verließ. Ich schaute im Raum umher. Andreas saß am Schreibtisch und füllte einen Aufnahmebogen aus. Er merkte, dass ich ihn von der Seite anblickte, wandte sich zu mir und fragte: »Na, langweilst du dich schon?«

»Nö, eigentlich nicht. Das ist mein Urlaub. Ich kann mich in den Pausen ganz gut von der Arbeit auf Station erholen.«

»Hmmm.« Er wandte sich wieder seinem Bogen zu.

»Gibt es eigentlich auch Tage ohne Einsätze?«, fragte ich ihn.

»Ja, eine Nullschicht. Total langweilig. Für Notarzt und RA.«

»Was ist denn ein RA?«, fragte ich.

Andreas lachte. »Das ist die Kurzform für ‚Rettungsassistent'. Hier wird alles in Zwei- oder Dreibuchstabenworte verpackt.«

Um die Mittagszeit hatte ich Hunger, verzichtete aber auf einen Besuch in der klinikseigenen Kantine. Zum einen, weil ich es eventuell bei einem Einsatz nicht schaffen würde, das NEF zu erreichen, zum anderen weil das Essen in der Kantine miserabel war, und ich mich jedes Mal wieder fragte, warum mich der Hunger überhaupt so oft an diesen Ort des Grauens zwang.

Ich blickte auf meinen schwarzen Funker. Er war noch an meinem Gürtel und schwieg beharrlich. Ich wischte mir über die Stirn und legte meine Beine hoch. Ich ließ meine Gedanken schweifen, dachte über meinen Job, mein Leben und unerledigte Einkäufe nach. Was wollte ich heute abe...

PIIIEEEP
PIIIEEEP
PIIIEEEP
»Bereitschaftsalarm«
»Bereitschaftsalarm«

Einsatz Nr. 1458
Montag im Juni / Alarmzeit: 14:24
Einsatzort: Siemensstraße
Bereitschaftsstatus: 3

Ich springe hektisch vom Sofa auf und die Entspannung ist schlagartig verflogen. Mir bricht der Schweiß aus, mein Herz schlägt schneller, ich greife reflexartig an meinen Gürtel, um den Funker auszustellen, der noch immer markerschütternd piept und laufe im gleichen Moment los, aus der Tür des Aufenthaltsraumes, zur mechanischen Schwingtür, die ich mit der Hand aufdrücke...

»Vergessen Sie nicht Ihre Jacke.« Ich drehe mich um. Hinter mir geht Dr. Bergmüller im Laufschritt. Er hält mir die alte, orangefarbene Jacke mit dem Rückensticker ‚Rettungsdienst' entgegen, die ich wie ein Staffelläufer übernehme, und zusammen eilen wir zum Wagen. Herr Mand folgt uns gemächlich. Noch immer pfeifen unsere Funker nervtötend. Ich stelle mich unsicher an die hintere linke Tür, die Hand am Türgriff. Dr. Bergmüller zieht den Ladestecker aus dem Wagen und wartet an der Beifahrertür, während Herr Mand per Taster das Tor der Garage öffnet. Er schließt die Wagentür auf. Ich ziehe den Türgriff, als ich das Sirren der Zentralverriegelung höre. Die Tür geht nicht auf. Herr Mand bekommt seine Tür auch nicht auf. In mir machte sich Nervosität breit. Das fängt ja gut an!

»Das versuchen wir nochmal«, sagt Dr. Bergmüller ruhig. Herr Mand schließt erneut auf, und die Türen öffnen sich. Ehe ich mich versehe, sitze ich auf der Rückbank, und die Achterbahnfahrt beginnt. Die Rampe herunter. Vor dem Bürgersteig anhalten und nach Passanten und Radfahrern Ausschau halten. Keiner kreuzt. Dr. Bergmüller greift nach einem großen schwarzen Telefonhörer am Armaturenbrett und meldet uns der

Zentrale: »Florian von 17-31.«

Aus dem Funkgerät ertönt zusammen mit knacksenden Geräuschen »17-31 von Florian, es geht in die Siemensstraße, Firma Marschner, Tor 3, intern-zwei.«

»Haben verstanden.«

Herr Mand beschleunigt, schaltet Blaulicht, Sirene und Transparent an und lässt uns durch den Verkehr der Stadt fliegen. Ich werde in den Sitz gepresst, Adrenalin durchströmt meinen Körper, und ich weiß nicht, ob ich Euphorie oder Angst fühle. Herr Mand bremst an der nächsten Kreuzung bei Rot ab, sieht nach links, biegt ab und gibt Vollgas. »Weißt du, wo wir hinmüssen?«, fragt ihn Dr. Bergmüller und blättert in einer Mappe mit Straßenkarten.

»Siemensstraße – kenne ich, das ist doch dieses Gummi- oder Reifenwerk. Da war ich schon mal.«

»Gut.« Dr. Bergmüller legt die Mappe beiseite und beugt sich nach vorne. »Rechts ist frei.« Der Motor dröhnt, die Sirene heult.

Herr Mand rast den Südring entlang. Meine Hände sind eiskalt. Eben noch denke ich: ‚So schnell fährt der doch gar nicht', als er zwischen den Autos auf der rechten Spur und den entgegenkommenden durchrast. Ich frage mich, warum es noch immer nicht gekracht hat. Und beide, Dr. Bergmüller und Herr Mand machen einen besonnenen und professionellen Eindruck, so dass mir meine Nervosität noch seltsamer erscheint. Wir machen eine Linkskurve, die mir ein Grinsen auf die Lippen treibt.

»Die Sirene ist aber ziemlich leise«, murmelt Herr Mand.

»Sie ist ja auch unten montiert. Davor hatten wir sie immer auf dem Dach an unseren Ohren. So hört man wenigstens den Funk.«

»Aber die Leute halten sich nicht die Ohren zu«, entgegnet Herr Mand.

Dr. Bergmüller stutzt und sieht sich um. Ich blicke nun zum

ersten Mal seitlich aus dem Fenster. Leute bleiben stehen und starren uns nach. Genauso, wie ich es unzählige Male getan habe, als Passant. Immer wollte ich mitfahren, und nun sitze ich mitten drin und weiß nicht, ob ich nicht lieber draußen stehen möchte.

»So, hier müsste es sein«, sagt Herr Mand.

Ich habe keine Ahnung, wie lange wir gebraucht haben, aber die Fahrt war sehr kurz. Als hätte er meine Gedanken gelesen, sagt Dr. Bergmüller: »Drei Minuten. Hätten wir mit dem Passat auch nicht besser machen können.«

Er greift nach hinten in die Packung Latexhandschuhe, die auf der Mittelkonsole steht. »Sollten Sie sich auch anziehen.«

Ich versuche es. Verdammt noch mal! Normalerweise ziehe ich pro Arbeitstag mindestens zehn Paar Handschuhe locker über meine Hände, und nun kriege ich sie nicht übergezogen, weil meine Handflächen schwitzig sind. Während ich mit den Handschuhen kämpfe, halten wir an einer Schranke. Der Pförtner ist fast so hektisch wie ich und hat richtig rote Flecken im Gesicht. Das Martinshorn ist abgestellt, das Blaulicht flackert über das Pförtnerhäuschen.

»T-t-tor 3, äh, 100 Meter weiter rechts, da wartet der Doktor«, ruft er.

Wir fahren jetzt Schritttempo und halten an einer kleinen Baracke. Der weiß gekleidete Betriebsarzt empfängt uns.

»Soll ich ′was mitnehmen?«, rufe ich Dr. Bergmüller unsicher zu.

»Ja, das Ampullarium neben Ihnen.«

Ich greife die rote Tasche aus Nylonmaterial und verlasse den Wagen Meine Knie sind weich. Dr. Bergmüller ist schon am Kofferraum und greift sich einen Metallkoffer. Den anderen nimmt Herr Mand, und schon laufen wir in das Gebäude hinein. Ich habe einen Tunnelblick und erkenne nichts um mich herum. Wir zwängen uns in einen kleinen Raum mit einer Liege, auf der ein Mann sitzt.

»Was ist passiert?«, fragt Dr. Bergmüller.

»Ich habe diese Medikamente hier genommen...«, sagt der Mann und zeigt auf den Tisch neben sich, »...und jetzt fühlt sich alles so eng hier an.« Hände auf der Brust. »Und dann hab ich Schweißausbrüche bekommen.«

Der Betriebsarzt erklärt kurz: »Keine vorbekannte Herzerkrankung, allerdings Diabetes Typ 2. Blutdruck ist 130 zu 70, der Puls 75.«

Ich sehe mir den Patienten genau an. Ich schätze ihn auf etwa fünfundfünfzig bis sechzig. Seine grauen Haare auf dem Kopf sind schweißnass. Er keucht vor Anstrengung, wobei sich sein schwerer Bauch bei jedem Atemzug hebt.

Der RTW ist soeben eingetroffen. Nun scharen sich noch drei weitere Rettungsassistenten und Sanitäter in diesem kleinen, etwas schäbigen Raum. Ich versuche, mich auf das Wesentliche dieser Situation zu konzentrieren. Der Patient hat Angina pectoris. Die Frage ist, ob er schon einen Herzinfarkt hat oder nicht. Während sich meine Rädchen im Kopf langsam drehen, hat Dr. Bergmüller dem Patienten schon längst Nitro unter die Zunge gesprüht, einen intravenösen Zugang gelegt und eine Infusion angeschlossen. Er fragt mich, welche Medikamente auf dem Tisch liegen.

»Mucosolvan und Grippostad.« Beides Grippemittel, die aber in keinem Zusammenhang mit solchen Symptomen stehen.

»Haben Sie oder hatten Sie eine Grippe?«, wendet sich Dr. Bergmüller an den Patienten, während die RAs auf seine Anweisung hin dem Patienten den EKG-Monitor anlegen.

»Ja, letzte Woche, jetzt war es eigentlich schon vorbei.«

»Fühlen Sie sich besser, nachdem ich Ihnen das Spray unter die Zunge gesprüht habe?«

Der Patient fühlt seine Brust, als könne er das Herz tasten. »Ja, ich glaube, es ist schon ′was besser!«

Ich denke angestrengt über die möglichen Diagnosen und Krankheitsbilder nach. Viel zu langsam.

Dr. Bergmüller hat sich schon längst ein Bild gemacht und sagt behutsam zum Patienten: »Ich denke nicht, dass die Medikamente, die Sie eingenommen haben, in Zusammenhang mit Ihren Beschwerden stehen.« Mit Blick auf den EKG-Monitor fügt er hinzu: »Und es sieht nicht so aus, als hätten Sie etwas Bedrohliches wie einen Herzinfarkt. Wir werden Sie trotzdem in ein Krankenhaus bringen, weil man vieles nicht hier vor Ort abklären kann. Der Betriebsarzt nickt zustimmend und irgendwie dankbar.

»Wo wohnen Sie?«

»Fichtnerstraße.«

»Dann müsste das...«, er blickt fragend zu den RAs. »St. Barbara Krankenhaus sein?«

Die RAs nicken.

Eine Trage wird hereingebracht, während ich meine vierte diagnostische Überlegung anstelle. Hat der Patient einfach nur Symptome seiner Grippe oder doch eine koronare Herzerkrankung? Welche Medikamente hat er nochmal eingenommen? Mir fällt es nicht mehr ein. Ich bin durcheinander und frustriert. Ich habe nicht bei einem einzigen der Schritte, die Dr. Bergmüller innerhalb von drei Minuten durchgeführt hat, eine ähnlich schnelle Idee gehabt. Alleine wäre ich ziemlich überfordert gewesen. Wir machen uns auf den Rückweg. Vor dem Gebäude steht nun der RTW, in den der Patient eingeladen wird. Dr. Bergmüller steht bereits im Innenraum, während Herr Mand zum NEF geht, um die Koffer zu verstauen.

Ich stehe blöd in der Gegend herum, zwischen den Einsatzfahrzeugen. »Wo fahre ich mit?«, frage ich Dr. Bergmüller.

»Bei mir natürlich. Sie wollen doch ′was lernen!« Er sieht meine Verwirrtheit und lächelt darüber. Er wird ganz genau wissen, wie es ist, zum ersten Mal als Arzt an einem Einsatzort zu sein. Im Moment bin ich zu nichts in der Lage, außer in den RTW zu steigen, auf den Patienten zu sehen und ein paar beruhigende Worte zu murmeln. Zu mir selbst, denn der Patient sieht gelassener aus als ich.

Der Innenraum des RTW ist ziemlich eng. In der Mitte befindet sich die Trage mit dem Patienten. Wir stehen am Kopfende, gegen die Fahrtrichtung. Hinter unseren Rücken trennt uns eine Wand mit Glasfenster von den RAs im Fahrerraum. Unterhalb des Fensters befinden sich viele Schubladen. Auf der Ablage stehen einige Geräte. Links von mir befinden sich die seitliche Schiebetür und Möglichkeiten, sich festzuhalten. Geradeaus blicke ich durch die hinteren Türen.

Dr. Bergmüller klappt über dem Patienten eine Halterung aus der Decke und hängt die Infusionslösung an den Haken. Rechts neben ihm an der Wand befestigt er den Monitor, der eben noch beim Patienten war und ein Beatmungsgerät. Ein RA steigt zu uns nach hinten.

»Wir fahren ohne Sonderrechte«, sagt Dr. Bergmüller durch das geöffnete Zwischenfenster zum Fahrer.

»Verstanden. Ohne Sonderrechte.« Der RTW setzt sich schaukelnd in Bewegung. Ich greife nach einer Haltestange an der Decke.

»Was sind Sonderrechte?«, frage ich.

Dr. Bergmüller grinst. »Das ist unsere Weihnachtsbaumbeleuchtung, die Sirene, Missachtung sämtlicher Verkehrsschilder und schnelles Fahren. Also alles, was Spaß macht.«

Er überlegt kurz. »Ich gebe dem Patienten noch einen Betablocker. Ist nicht unbedingt indiziert. Es sind ja keine Rhythmusstörungen oder frische Ischämiezeichen zu sehen«, erklärt er mir dann. »Bei gleichzeitigem Infekt und besonderer Belastung durch Aufregung und Transport halte ich es bei dem Risikoprofil trotzdem für sinnvoll.«

Er beginnt, ein Notfallprotokoll im fahrenden Wagen auszufüllen, während ich abwechselnd ihm über die Schulter blicke, dann einen prüfenden Blick auf den Patienten und schließlich auf den Monitor werfe. Dem Patienten geht es gut. Am St. Barbara Krankenhaus steigen wir aus, und ich helfe, die Trage herauszuschieben. Wir treten in eine recht leere Notaufnahme. Ein junger Arzt kommt uns entgegen. Dr. Bergmüller lächelt sein hintergründiges Lächeln. »Hallo! Wir bringen Ihnen Herrn Dorff, einen neunundfünfzigjährigen Patienten mit erstmalig aufgetretener Angina pectoris ohne frische Ischämiezeichen oder Rhythmusstörungen. Besserung auf Nitrospray. Blutdruck und Puls im Normalbereich, bekannter Diabetes Typ 2, Blutzucker bei 170. Ich habe ihm eine Ampulle Beloc gegeben«, rasselt Dr. Bergmüller seine Übergabe herunter.

»Irgendwelche Analgetika oder Sedativa?«, fragt der Arzt.

»Keine. Steht aber auch alles im Protokoll.«

Nachdenklich sieht der Arzt auf das Blatt Papier. Wahrscheinlich überlegt er, ob er noch etwas fragen soll, bevor wir weg sind.

»In Ordnung«, murmelt er dann schließlich. »Danke.«

»Keine Ursache! Tschüs«, ruft Dr. Bergmüller und schreitet dynamisch zum Ausgang. Ich folge ihm und fühle mich ein wenig wie ein hirnloser Dackel.

Übergabe 15:05
Einsatzende
Bereitschaftsstatus: 1

»Tja, das war ja nicht gerade spektakulär«, sagte Dr. Bergmüller auf der Rückfahrt und drehte sich zu mir um.

Ich grinste. »Für mich war es schon spektakulär genug. Allein für die Fahrt hätte man woanders viel Geld gezahlt.«

Dr. Bergmüller wandte sich zu Herrn Mand: »Hast du das gehört? Das war ein Kompliment!«

»Danke«, murmelte Herr Mand gelangweilt.

»Wie fährt sich denn das neue Auto so?«, wechselte Dr. Bergmüller das Thema.

»Jo. Ganz gut. Von der Steuerung ist es weicher. Allerdings weiß ich noch nicht, wie es bei nasser Straße reagiert.«

»Das Schöne ist doch, dass es Klimaanlage hat«, sagte Dr. Bergmüller und drehte sie zum Beweis auf.

»Das zieht aber auch Gas weg«, entgegnete Herr Mand.

»Bei Einsätzen machen wir sie halt aus und schwitzen!« Dr. Bergmüller drehte sich wieder zu mir. »Also, bei diesem Patienten war es ja eigentlich relativ unklar, ob er nun eine koronare Herzerkrankung hat oder nicht. In so einem Fall, gerade wenn es sich um einen älteren Patienten mit Diabetes handelt, heißt die Devise immer: mitnehmen.«

»Ich glaube, die Kunst ist, den Überblick zu kriegen und vor allem, ihn zu wahren. Ich war eben ganz schön überfordert von der Situation, wenn ich mir vorstelle, dass ich das alles mal alleine können soll.« Ich stockte, weil ich das Gefühl hatte, ich machte mich durch das Gesagte komplett zum Idioten.

Aber Dr. Bergmüller nickte zustimmend und sagte: »Das ist halt das Spannende.«

Es war schon kurz nach drei, und ich hatte erst einen Einsatz. Wenn das so weiter ginge, könnte ich meinen kompletten Jahresurlaub in der Notaufnahme verbringen!

»Kann ich eigentlich auch später noch mitfahren, falls ich nicht genug Einsätze zusammen bekomme?«, fragte ich.

»Wann später?«

»Heute Abend oder so.«

»Können Sie ja mal versuchen«, sagte er lachend, »wir sind dann schon weg!« Er blickt zu Herrn Mand, der in die Technik des neuen Autos versunken zu sein schien.

»Wieso?«, fragte ich irritiert.

»Wir fahren nur bis neunzehn Uhr montags bis freitags. Danach stellt die Klinik keinen Notarzt mehr.«

Trotz der Ernüchterung, die ich in meinem Enthusiasmus erlebt hatte, fühlte ich mich gut nach diesem Einsatz. Wir hatten kein Leben gerettet – ‚wir' schon gar nicht – Dr. Bergmüller und die RAs hatten kein Leben gerettet, aber der Einsatz an sich, die Situation war etwas Neues für mich, das ich vom Arztberuf noch nicht kennengelernt hatte.

In unserer Klinik angekommen, empfing uns eine neue Schwester. Die anderen beiden hatten ihre Frühschicht beendet. »Und wie war´s?«, fragte sie.

»Och, nichts Besonderes. Nur so´n bisschen Herzschmerz«, sagte Dr. Bergmüller.

Es war inzwischen sehr heiß. Ich merkte erst jetzt, wie die Rettungsdienstjacke an mir klebte und pellte sie von meinen Armen.

Ich nahm mir etwas zu trinken und wartete auf den nächsten Einsatz. Es musste sich ja irgendeiner in unserem Bezirk wenigstens einen Arm brechen. Oder einen Schlaganfall kriegen. Oder beides! Ich begann, mich zu langweilen.

Um sechs Uhr piepte es. Ich schrak auf. Es war mein weißer Funker, der Klinikfunker. Ich ignorierte ihn, weil es meistens Arbeit bedeutete, und ich hatte keine Lust auf diese Art von Arbeit. Das Telefon klingelte. Andreas ging dran. »Hier, für dich!«

Ich war überrascht, dass jemand wusste, wo er mich erreichen konnte.

Es war Christine, die Freundin meines Freundes Marc, der als Anästhesist in der Klinik arbeitete. Ich hörte, wie sie aufgeregt losredete. »Tut mir Leid, wenn ich dich bei der Arbeit störe, aber Marc geht´s nicht gut, er saß heute Morgen im OP und hat Narkose gemacht. Da hat er starke Bauchschmerzen bekommen und musste sich übergeben. Gestern hat er Fieber gehabt, aber abends ging es ihm wieder besser. Jetzt vermuten sie eine Blinddarmentzündung«, stammelte sie.

»Scheiße«, war meine erste Reaktion.

»Er wird gleich operiert. Er ist schon auf dem Weg in den OP. Ich bin schon fast in der Klinik. Kannst du bitte auch kommen?«

»Wo ist er denn? In der Allgemeinchirurgie?« Dumme Frage...

Ich erklärte Dr. Bergmüller die Situation und meldete mich bei ihm ab.

»Wär ja sowieso gleich um neunzehn Uhr Schluss. Sie werden also nicht viel verpassen.« Er zwinkerte mir nett zu.

Ich zog mir meinen Arztkittel an und eilte in die Chirurgie. Mir gingen einige Dinge auf dem Weg dorthin durch den Kopf. Eine Appendizitis ist nichts Seltenes und für einen Chirurgen ein Routineeingriff. Aber es kann Komplikationen geben...

Ich betrat die Station der Allgemeinchirurgie. Einige südländisch aussehende Leute, die wahrscheinlich einen Angehörigen besuchten, starrten mich an. Das Stationszimmer war nicht besetzt. Christine war noch nicht da, und ich lief ein wenig hektisch umher, bis ich mich entschloss, direkt in den OP zu gehen. Ich fand die Eingangstür und klingelte. Nach einer kurzen Zeit wurde mir aufgedrückt, und ich schlängelte mich durch die enge Umkleidekabine, bis ich zwei gelangweilte OP-Pfleger in grüner OP-Bekleidung antraf, die an einem Tisch saßen und auf ihre OP warteten. Die OP von Marc!

»Hallo!«, begrüßte ich sie knapp. Ich erwartete eine Zurechtweisung wegen meines Arztkittels in diesem Bereich, deshalb fragte ich sie: »Kann ich hier kurz so...« Handbewegung zu meinem Kittel »...reinkommen?«

»Klar«, antwortete der eine freundlich.

»Hier soll heute ein Herr Becker operiert werden, der auch Arzt ist. Ist der schon hier?«

»Nö. Der ist noch auf Station.«

Ich lief zurück. Am Eingang der Station wurde mir Marc auf einem Bett von einer Krankenschwester entgegengeschoben.

»Hallo!«, rief ich und half, indem ich das Bett in Richtung Aufzug zog. »Du machst ja Sachen«, sagte ich und schüttelte den Kopf.

Marc sah nicht gut aus. Sein Gesicht war blass und schmerzerfüllt. »Scheiße, mein Bauch ist hart und tut richtig weh!«

»Hast du Fieber?«, fragte ich.

»Ja. Heute Morgen habe ich im OP richtige Bauchkrämpfe bekommen, später dann noch neununddreißig Grad und Erbrechen. Ich bin dann direkt in die chirurgische Ambulanz gekrochen. Die vermuten am ehesten eine Appendizitis«, antwortete er gepresst, während die Krankenschwester ihn im Bett weiterschob.

Im Fahrstuhl fragte ich die Krankenschwester: »In welchen Stock?«

»Dritter«, gab sie muffig zurück. Unfreundlichkeit kommt im Arzt- und Pflegeberuf leider häufig vor.

»Hey, wenn Christine kommt, sag ihr, dass ich schon mal unter´m Messer bin«, sagte Marc und lächelte gequält.

»Oh Mann, du hast ja ein Pech. Und wer hat die OP-Indikation gestellt?«

»Ach, da gibt es jetzt keine Diskussion mehr. Der Chirurg war sich erst nicht so sicher und hat mich ins CT geschickt. Da sah man die verdickte Appendix und Flüssigkeitsansammlung.

Außerdem habe ich hohe Leukozyten und Entzündungswerte. Naja, und mein Bauch wurde im Verlauf des Tages härter.«

»Hmmm«, sagte ich nur. Sätze wie ‚Das wird schon' oder ‚Mein Opa ist auch mal am Blinddarm operiert worden' konnte ich mir sowieso sparen. Wir wussten beide als Ärzte genau bescheid. Das Narkoserisiko war niedrig, ebenso die Komplikationsrate der OP. Nur das ganze zusätzliche Paket war unerträglich. Invalide einige Tage im Bett liegen, Antibiotikatherapie und vor allem einige Wochen keine Bierkästen mehr tragen können.

Wir verließen den Aufzug und befanden uns direkt vor der OP-Schleuse. Ab hier würde ich nicht mehr mitgehen können. »Wer hat denn heute Dienst bei euch? Wer macht deine Narkose?«

»Der Händler.«

»Kann der ´was?«

»Jaja, der ist gut, da bin ich auch echt froh, dass der Dienst hat.«

»Stell dir mal vor, es wäre Dr. Derkum!«, witzelte ich.

Marc verdrehte die Augen. »Schwein gehabt.«

»Schwester, halten Sie den Patienten mal besser fest. Ich kann ihn nicht intubieren, wenn er sich so bewegt«, imitierte ich Dr. Derkum.

Marc zeigte mir die CT-Bilder, die auf seiner Bettdecke lagen. Die Verdickung der Appendix konnte man gut erkennen und überraschte mich nicht. Allerdings machten mir die Flüssigkeit in der Appendixloge und der harte Bauch von Marc Sorgen. Ich hoffte, dass er nicht bereits eine Peritonitis hatte.

Ich verabschiedete mich. Mein Vertrauen zu der ganzen Mannschaft war groß. Ich half der Krankenschwester, das Bett zurück zur Station zu bringen und sah mir bei der Gelegenheit Marcs Einzelzimmer kurz an. Es war geräumig, zeugte aber nicht gerade von innenarchitektonischem Verständnis. Eine alte, ausgeleierte Liege stand dem Krankenbett gegenüber.

»Ach, das ist ja praktisch, da kann ja seine Freundin schlafen«, sagte ich in Gedanken.

»Was? Hier kann eine Freundin schlafen? Was?«, keifte mich die Krankenschwester an.

Ich lächelte nett. »Ja, die Freundin von Herrn Dr. Becker.«

»Das ist nur für sterbende Patienten gedacht, wenn Angehörige hier übernachten wollen.«

Wie konnte diese Tante nur so unfreundlich sein? Ich provozierte sie weiter, ohne es als Provokation durchscheinen zu lassen. »Nee, das ist ja prima. Dann ist er nicht so alleine. Und hier kommt die Stereoanlage hin. Ist ja viel Platz.« Ohne eine Antwort abzuwarten, verließ ich den Raum.

Im Gang kam mir Christine aufgeregt entgegengelaufen. »Ist Marc schon im OP?«, rief sie außer Atem.

»Ja, eben gerade. Ich soll dich lieb grüßen.«

Sie fing an zu weinen. »Ist es denn schlimm?«, fragte sie und sah mich hilflos an.

»Nein, ist nur eine Blinddarmentzündung. Das kriegen die schon hin. Ist ja bloß Routine«, beschwichtigte ich sie. Ich kam mir dabei nicht gut vor, weil ich ihr Marcs drohende Peritonitis verschwieg.

Sie nickte erleichtert. »Vielen Dank, ich werde dann mal hier warten.«

Wir verabschiedeten uns. Ich musste noch zu meiner ‚Heimatstation', um in meine Zivilkleidung zu wechseln. Kleider machen Leute, hieß es immer, und das trifft besonders auf Ärzte zu. Wenn ich im Arztkittel die Eingangshalle der Klinik durchquerte, sprachen mich häufig Leute respektvoll an, um nach dem Weg zu fragen: ‚Äh, entschuldigen Sie..., äh, wo ist denn hier, also..., der Ausgang. Ja, vielen Dank – vielen Dank!!!' In Zivil wurde ich etwas anders angesprochen: ‚Eh, du, weißte wo´s hier rausgeht?'

Ich stieß die Tür zum Arztzimmer auf. Das Licht war an, es war jedoch keiner mehr da. Nicht selten mussten wir, also meine Kollegen und ich, bis acht oder auch mal neun Uhr unbezahlte Überstunden machen. Vor sieben kamen wir selten aus der Klinik.

Ich erwartete, irgendeiner Schwester oder einem Pfleger auf dem Weg aus dem Arztzimmer zu begegnen. Es war fast gespenstisch still hier. Ich traf niemanden, nahm den Fahrstuhl nach unten und fuhr mit dem Fahrrad nach Hause.

Städtisches Klinikum
Dienstag, 06:50 Uhr im Juni

Diesmal würde ich pünktlich sein. Zehn vor sieben. Ich betrat die Notaufnahme. Mir kam es heute schon viel gewohnter vor als gestern, in der Notaufnahme aufzutauchen. Trotzdem war ich etwas nervös. Zuerst begrüßte ich Dr. Bergmüller. Er lächelte freundlich, während er an der Kaffeemaschine hantierte. Er deutete auf einen jungen Mann, der am Tisch saß. »Das ist Herr Rink, unser Rettungsassistent heute. Und das ist...«, er zeigte auf mich, »Herr Dr. Birch.«

Rink, ein vielleicht fünfundzwanzigjähriger, jungenhafter und etwas übergewichtiger Mann mit strohblonden, abstehenden Haaren und einem breiten Grinsen, winkte ab. »Es ließ sich nicht vermeiden.«

»Was?«, fragte ich verwirrt.

»Dass er heute Rettungsassistent ist«, kam Dr. Bergmüller ihm zuvor.

»Genau.«

»Eigentlich kommen wir ganz gut miteinander aus«, sagte Dr. Bergmüller.

»Er lässt mir glücklicherweise freie Hand mit meiner Fahrweise.«

»Du weißt, dass das Auto neu ist?«

»Jaja, kein Problem. Ich krieg auch in neue Autos eine Beule 'rein.«

»Ich weiß«, seufzte Dr. Bergmüller. »Übrigens wollte ich für unser NEF nachher einen Aufkleber machen lassen. Mit NEF 3.«

»Den können wir dann direkt über den von der Feuerwehr kleben.«

Mein Kopf ging zwischen den beiden hin und her wie bei einem Ping-Pong Spiel, und ich war mir sicher, dass es heute ziemlich witzig werden würde. Ich stellte meinen Rucksack auf der Couch ab und setzte mich daneben. Ich war gut gelaunt, nicht zuletzt, weil ich noch am vergangenen Abend erfahren hatte, dass Marcs Operation komplikationslos verlaufen war. Es hatte sich tatsächlich bereits eine Ansammlung von Eiter um den Blinddarm gebildet, was man als ‚perityphilitischen Abszess' bezeichnet. Nach der Operation und der Antibiotikatherapie war er jedoch zum Glück sofort entfiebert.

»Hallo«, grummelte Andreas, als er den Raum betrat. Er ließ sich auf seinen Schreibtischstuhl fallen, der unter einem Seufzen entweichender Luft nachgab, und griff zum Telefon. Alle Ärzte sollten eigentlich mit so einem Telefonistenheadset ausgestattet werden. Ständig muss man telefonieren. Und je mehr man telefoniert und vor allem über das Telefon delegiert, desto wichtiger ist man. Mir fiel zu dem Thema eine englische Studie ein, die vor einigen Jahren durchgeführt worden war. Man hatte das Gewicht der mit Stethoskopen, Büchern, Zetteln und vielen anderen Utensilien bestückten Arztkittel gemessen und mit dem Dienstrang korreliert. Dabei kam heraus, dass, je höher ein Arzt auf der Karriereleiter stand, desto leichter war sein Kittel. Der Chef rannte dann nur noch mit einem goldenen Kugelschreiber herum. Mein Kittel wog Tonnen, was mir zu denken gab.

»Was bist du denn?«, rief mir Rink zu und schreckte mich aus den Gedanken auf.

»Wie, was bin ich?«, fragte ich zurück.

»Bist du Anästhesist?«

»Nee, ich arbeite in der Inneren.«

»Ach´n Internist«, antwortete Rink etwas abfällig. »Ich heiße übrigens Thomas.«

»Robert.«

Er nickte. »Bist du schon mal NEF gefahren?«

»Ja, gestern.«

»Vorher noch nicht?«

»Nee.«

Er nickte wieder.

»Nächste Woche fahren wir beide«, rief Andreas und drehte sich gewichtig auf seinem Bürostuhl zu Thomas.

»Ich weiß.«

»Da geben wir alles! Zehn Einsätze pro Tag mindestens. Es ist das letzte Mal, dass ich fahre.«

»Klar. Da fahr´n wir den neuen Wagen zu Klump.«

Ich blickte zu Dr. Bergmüller, um seinen stummen Kommentar zu sehen. Er sah mich verzweifelt an und verdrehte die Augen. Ich schüttelte den Kopf und holte mir ein Buch aus meinem Rucksack. Ich hatte die ganze medizinische Literatur zu Hause gelassen, weil mich der Ehrgeiz vom Vortag verlassen hatte. Stattdessen las ich nun einen Roman.

Ich merkte, wie ich mit einem Bein vor Nervosität auf und ab wippte. Ich konzentrierte mich darauf, meine Beine still zu halten. Hin und wieder der obligatorische Blick zum schwarzen Funker, der durch sein Schweigen die Spannung zu Langeweile werden ließ. Ich hatte die Befürchtung, hier wieder bis fast drei Uhr untätig herumzusitzen, bis plötzlich mein Gürtel zu explodieren schien.

PIIIEEEP
PIIIEEEP
PIIIEEEP
»Bereitschaftsalarm«
»Bereitschaftsalarm«

Einsatz Nr. 1459
Dienstag im Juni / Alarmzeit: 09:47
Einsatzort: EKZ Süd
Bereitschaftsstatus: 2

In einer Sekunde wird aus meiner morgendlichen Urlaubsschlappheit helle Wachheit. Dr. Bergmüller schreitet an der geöffneten Tür vorbei und winkt mir zu. »Es geht los!«

Es ist kaum zu überhören, dass es losgeht. Unsere beiden Funker veranstalten zusammen einen dissonanten Lärm. Wir erreichen den Wagen. Thomas kommt in gebührendem Abstand lässig hinter uns hergelaufen, öffnet per Knopfdruck das Tor und dann die Fahrertür. Die Türen gehen auf, wir steigen ein.

»Wo geht denn hier überhaupt der Schlüssel ´rein?«, witzelt Thomas. Ich lache nervös. Meine Hände sind eiskalt. Ich schnalle mich an und presse meine Hände gegen die Oberschenkel.

»Jetzt schaun ´mer mal, was die Kiste hergibt«, sagt Thomas und gibt Gas. Wir fahren die Rampe herunter, sehen nach Fußgängern, während Dr. Bergmüller mit der Einsatzzentrale telefoniert und unseren Status auf 3 ändert.

»Es geht ins EKZ Süd«, bemerkt er beiläufig.

»Alles klar«, sagt Thomas. »Stell´n wir die Sirene doch mal an.«

Mit einem Ruck schießt der Wagen los.

Wir heizen in einem halsbrecherischen Tempo über den Südring, und ich frage Dr. Bergmüller gespielt gelassen »Was ist denn EKZ?«

Er dreht sich kurz zu mir um. »Einkaufszentrum.«

Thomas fährt viel schneller und rabiater als Herr Mand am Vortag, was Spaß und Geschwindigkeitsrausch erhöht. Ich schaue nach vorne. Die Autos bilden nur unzureichend eine

Gasse, und Thomas muss immer wieder stark abbremsen, um das Fahrzeug durch die Autos zu manövrieren. Dann gibt er Vollgas, um nach zwei Sekunden wieder an einer Kreuzung, einer roten Ampel oder für ein ausscherendes Auto abzubremsen. Dr. Bergmüller sammelt seine Sachen in aller Seelenruhe zusammen. Ich ziehe mir Handschuhe an, als wir in die Beethovenstraße einbiegen und den gesamten Verkehr samt Straßenbahn lahmlegen. Vor uns weichen die Fahrzeuge aus und schaffen es tatsächlich, ‚eine Gasse zu bilden'. Nur ein Auto auf der rechten Spur fährt nach links und bleibt dort stehen, als wollte der Fahrer eine Straßenblockade aufbauen.

»Du Idiot!« Thomas´ Hände verkrampfen sich am Lenkrad, dass seine Knöchel weiß hervortreten.

Angespannt rufe ich »Mann, wie bekloppt ist der denn?« Ich fasse es einfach nicht, wie man so dumm sein kann. Da stelle man sich einen vor Farben schreienden Notarztwagen vor, mit Blaulicht und Martinshorn, der hinter dem eigenen Auto steht und versucht, durchzukommen und man selbst bleibt regungslos, wie ein Kaninchen vor der Schlange, stehen.

»Ist sicher eine Frau«, sagt Dr. Bergmüller.

»Wetten nicht?«, sagt Thomas, setzt kurz zurück und schlängelt sich rechts über dem Bürgersteig vorbei. Dr. Bergmüller und ich drehen uns um.

»Frau«, konstatiert Dr. Bergmüller kurz.

Ich lache über die Bemerkung. Dr. Bergmüller dreht sich bei einhundert Stundenkilometern zu mir und lächelt entschuldigend. Er ist kein Chauvi.

Ein paar Sekunden später sind wir da. Das Martinshorn wird abgestellt, das Blaulicht bleibt an.

»Soll ich die Tasche hier mitnehmen?«, frage ich.

»Nee, der RTW ist schon da.«

Dr. Bergmüller hat nur seine metallene Schreibunterlage in der Hand, wir laufen über den Hintereingang des Einkaufzentrums ‚EKZ' Süd, der uns geöffnet wird und werden von einem

Sicherheitsmann über die Rolltreppe nach unten begleitet. Leute um uns herum schrecken aus ihrer Einkaufstrance auf und starren uns mit offenen Mündern hinterher. Wir rennen an ihnen vorbei zu einem Café dieses riesigen Gebäudekomplexes, der an eine amerikanische Mall erinnert. Es ist ein offener, heller Raum mit einer langen Theke. Dr. Bergmüller hat bereits unseren Zielort erkannt. Am Ende der Theke sitzt eine ältere Dame, der sich Dr. Bergmüller knapp vorstellt.

»Sie ist hier eben einfach umgekippt«, gibt die Bedienung des Cafés zur Auskunft, ehe die Patientin selbst etwas sagen kann.

»Mir geht es aber jetzt schon wieder gut, Herr Doktor«, sagt sie jetzt und legt ihre Hand auf die von Dr. Bergmüller, als sei sie der Notarzt und nicht umgekehrt.

»Haben Sie so etwas schon einmal gehabt?«, fragt er.

»Jaja, das kenn ich schon.«

»Und haben Sie das schon einmal abklären lassen?«

»Ach ja«, sie winkt ab, »die ham´ aber nie ´was gefunden.«

Dr. Bergmüller nickt. »Solche kurzen Bewusstlosigkeiten können zum Beispiel von Gefäßverengungen herrühren und im Extremfall auch Vorboten eines Schlaganfalls sein.«

Ich weiß, worauf er mit dieser medizinischen Drohung hinaus will. Ich erwarte Überraschung und Schock im Gesicht der Patientin. Sie winkt jedoch wieder gelassen ab. »Ach, das hab ich schon öfter gehabt.«

Dr. Bergmüller lächelt. »Sie sollten mit uns in ein Krankenhaus kommen, in dem man das untersucht.«

Sie schüttelt energisch den Kopf und wirbelt dabei ihre weißen Haare durcheinander. »Neenee, Herr Doktor, das möchte ich aber nicht.«

Die Drohung hat leider nicht gewirkt.

»Es wäre ganz bestimmt sinnvoll und vernünftig«, wiederholt Dr. Bergmüller eindringlich.

»Och nee, das möchte ich nicht.«

»Dann gehen Sie wenigstens zu Ihrem Hausarzt.«

»Is´ gut, Herr Doktor.«

»Okay. Dann erlauben Sie mir bitte noch, dass wir Ihnen Blutdruck messen und den Blutzucker kontrollieren.«

»Können Sie machen«, sagt die alte Dame und lehnt sich gegen die Theke.

Einer der Rettungsassistenten hat bereits alles Nötige in der Hand. Der Blutdruck ist 130 zu 80 und der Blutzucker 130, alles normal.

»Jetzt müssen Sie mir noch unterschreiben, dass Sie gegen ärztlichen Rat nicht mit uns in ein Krankenhaus fahren«, sagt Dr. Bergmüller. Sie unterschreibt, und wir verabschieden uns.

Wir werden vom Sicherheitsmann nach draußen begleitet. Als ich nun am NEF bei schönem Sonnenschein lehne, während Dr. Bergmüller Formalitäten mit den RTW-Fahrern regelt, merke ich, dass mir von der Fahrt noch ganz schwindelig ist.

»Also, die Fahrt eben...«, ich suche nach Worten: »Wow, also, war ja ganz schön... wild«, sage ich zu Thomas.

Er schaut mich verständnislos an und sieht mit diesem Gesichtsausdruck wie eine Comicfigur aus. Ich sehe förmlich Fragezeichen über seinem Kopf erscheinen. Also versuche ich es anders: »Das ist ja wie in einer Achterbahn, mir ist etwas schwindelig.«

»Ach was! Das war ja gar nix.«

»Naja, immerhin. Diese Beschleunigungen und das häufige Abbremsen.«

»Jaja, nach achtzigtausend sind die Wagen auch normalerweise platt«, gibt er stolz zu.

»Nach achtzigtausend Kilometern?«, frage ich ungläubig.

»Klar. Motorschaden. Das halten die alle nich´ aus.«

»Muss man eigentlich so eine Art Taxischein als Rettungsassistent machen?«

»Logisch. Für ein bestimmtes Einsatzgebiet.«

»Macht dir dein Job Spaß?«

»Klar. Sonst würd ich's nicht machen. Aber das kannste auch nicht die ganze Zeit. Wenn du eine Woche NEF fährst, dann weißte aber, was'de gemacht hast. Da biste fertig mit der Welt.«

Ich kann mir vorstellen, wie konzentriert und angespannt er während der Fahrten ist. »Wie lange dauert denn die Ausbildung?«

»Zwei Jahre. Noch. Bald drei Jahre. Die woll'n das verlängern.«

Die Sonne scheint in seine Augen, und seine blauen Irides blitzen.

»Fährst du morgen noch?«

»Nee, diese Woche ist totales Chaos. Bis gestern wusste ich gar nicht, dass ich heute fahre. Da ham' einige auf einmal Urlaub. Ist sonst nicht so.«

»Und was machst du, wenn du nicht NEF fährst?«

»KTW, RTW und so'n paar andere Sachen.«

Dr. Bergmüller kommt zu uns. Er lächelt. »Na, woll'n wir wieder nach Hause?«

Wir steigen ein.

»Die kannte ich schon«, sagte Dr. Bergmüller. »Ich glaube, ich habe die schon mal hier im EKZ versorgt.«

»Stammkundin«, murmelte Thomas.

Wir fuhren nun in gemächlichem Tempo zurück, die Fahrt wirkte entspannend – der Stress hatte sich in Minuten gelöst – und ich genoss die Sonne, die mir in das Gesicht schien. Unterwegs hörten wir hin und wieder das Krächzen des Funkgerätes.

»Ich habe als Diagnose ‚Synkope' eingetragen«, erklärte mir Dr. Bergmüller. »Leider nichts Relevantes für Sie.«

Wir kamen in der Klinik an. Die Frage von Schwester Sabine, ob wir Leben gerettet hätten, verneinte ich enttäuscht.

»Was denn, gestorben?«, fragte sie mich überrascht.

»Nee, der Patientin ging´s wieder gut. Gab es denn bei euch ´was Interessantes?«

Sabine sah mich an, als wäre ich völlig verrückt geworden und sagte gar nichts. Sie fand ihre Tätigkeit und die Geschehnisse in der Notaufnahme nicht interessant, sondern anstrengend.

»Also nicht«, kommentierte ich ihr eisernes Schweigen verunsichert.

Christian, ein Student im Praktischen Jahr, betrat den Raum. Ich kannte ihn, weil er schon auf meiner Station gearbeitet hatte.

»Hey, wie geht´s?«, fragte er und schlug mir auf die Schulter.

Er hatte heute PJ-Dienst in der Notaufnahme und würde die Patienten als erster untersuchen und eine Verdachtsdiagnose stellen. Danach würde Andreas oder ein hinzugerufener Facharzt den Patienten erneut sehen und den Fall mit Christian durchsprechen. So der Idealfall. Meistens waren die PJ´ler einfach nur zum Blutabnehmen, Anamnesen erheben und Zugänge legen da. Die Assistenzärzte hatten keine Zeit, lange etwas zu erklären und fragten eher ungeduldig nach dem nächsten Patienten.

Das PJ oder ‚Praktische Jahr' war das letzte Jahr des Medizinstudiums, in dem man in der Inneren Medizin, in der Chirurgie und in einem Fach der Wahl jeweils vier Monate arbeiten musste. Insgesamt hatte man nur zwanzig Tage Urlaub und verdiente genau null Euro. Studenten, die sich ihren Unterhalt vor allem mit Nebenjobs verdienten, mussten spätestens in diesem letzten Jahr sehen, wie sie zu Geld kamen. In unserer Klinikskantine bekamen sie noch nicht einmal ein Essen umsonst. Die Bedingungen an unserem Klinikum waren ziemlich miserabel für diese wichtigen Arbeitskräfte. Viele traten deshalb ihr PJ in anderen Krankenhäusern an, wo sie viel stärker umworben wurden. Das Klinikum war ein behäbiger Dampfer mit wenig Innovation.

Damit Christian es bei seinem ersten Dienst nicht so schwer haben sollte, half ich ihm bei seinen Patienten.

PIIIEEEP
PIIIEEEP
PIIIEEEP
»Bereitschaftsalarm«
»Bereitschaftsalarm«

Einsatz Nr. 1460
Dienstag im Juni / Alarmzeit: 11:19
Einsatzort: EKZ Süd
Bereitschaftsstatus: 3

Wir rasen mit achtzig Stundenkilometer über die Poststraße. »Wo geht es hin?«, frage ich und spüre, wie mein Magen leichter wird.

»EKZ Süd«, antwortet Thomas.

»Schon wieder?«

»Vielleicht haben wir da ´was vergessen«, sagt Dr. Bergmüller.

»Ich probier mal einen anderen Weg«, ruft Thomas und schlittert eine Neunzig-Grad-Kurve mit quietschenden Reifen. Ich komme mir vor wie bei einer Verfolgungsjagd. Er steuert den Wagen auf den Mittelstreifen. Wir fliegen durch den schmalen Pfad zwischen Autos der gleichen Fahrtrichtung und entgegenkommenden Fahrzeugen. Dann bremst er stark ab, und wir stehen vor einem Bahnüberweg. Die Schranke ist noch nicht unten, das Licht jedoch schon rot.

»Warum fährst du nicht rüber?«, fragt ihn Dr. Bergmüller.

»Dienstanweisung. Ist neulich besprochen worden.«

»Ich wär´ da noch rübergefahren«, sagt Dr. Bergmüller unbekümmert, während sich die Schranke nun senkt.

»Ja, ich bin aber nicht du. Ich habe heute Abend noch etwas vor.«

»Ach du Scheiße!«, sagt Dr. Bergmüller. Vor uns rumpelt eine Diesellok vorbei. Der Blick nach links lässt nur erahnen, wie viele Anhänger sie hat. Schier endlos scheint der Zug zu sein. Ich trommele mit den Fingern auf meinen Knien.

Thomas starrt ungläubig auf den Zug. »Der ist aber ganz schön lang.«

»Mhmm«, summt Dr. Bergmüller.

Wir warten zwei Minuten, was mir wie eine Ewigkeit vorkommt. Ich ziehe Handschuhe an und überlege, wie entscheidend zwei Minuten in einer Notfallsituation sind. Hört das Herz eines Menschen auf zu schlagen, hat er etwa fünf Minuten Zeit ohne bleibende Hirnschäden wiederbelebt zu werden. Bei einer Beckenfraktur oder einem Gliedmaßenabriss kann eine Person innerhalb von zwei Minuten verblutet sein. Ein Asthmaanfall kann in dieser Zeit bis zum Ersticken eskaliert sein. Ein Wespenstich bei einem Allergiker zum anaphylaktischen Schock führen.

Thomas hat jedoch genug Respekt vor dem eigenen Leben wie auch vor unserem, um nicht blind über einen geschlossenen Bahnübergang zu fahren. Endlich heben sich die Schranken. Thomas stellt das Martinshorn an und tritt das Gaspedal durch. Das NEF beschleunigt zügig. Kurz vor unserem Ziel hören wir die Zentrale: »17-31 von Florian, bitte kommen.«

»Hier 17-31. Was gibt´s?«

»RTW14 am Einsatzort EKZ Süd. Kein Handlungsbedarf. Einsatzende. Bitte kommen.«

»Verstanden.«

In Sekunden verwandelt sich unser Notarztwagen in ein ziviles Fahrzeug. Sirene und Blaulicht sind abgeschaltet, das Tempo gedrosselt. Die Fahrer in den Wagen vor uns, die bereits eine Gasse gebildet haben, sind verwirrt. Wir fahren durch die Gasse, um sie nicht zu enttäuschen und korrigieren unser Ziel. Jetzt geht es zurück ins Klinikum.

11:25
Einsatzende
Bereitschaftsstatus: 2

Für Einsätze wie diesem sein Leben mit waghalsigen Bahnübergangsmanövern zu riskieren, ist vielleicht nicht die beste Art, seine Krankenkassenbeiträge mal so richtig auszunutzen. In keinem der drei Einsätze war es tatsächlich auf Minuten angekommen. Ich hoffte, dass es nicht so bleiben würde. Ich schlenderte durch den hellen, gefliesten Gang zur Notaufnahme und dachte über meinen ‚normalen' Job nach und die willkommene Abwechslung als Notarzt. Die vielen, oft schwerkranken Patienten würde ich eine Woche lang nicht versorgen müssen. Und Dr. Bergmüller strahlte eine professionelle Ruhe aus, die vom hektischen Stationsalltag ablenken konnte. Ich sagte ihm Bescheid, dass ich Marc besuchen würde und ging in die Chirurgie. Vorsichtig klopfte ich an seine Tür. Ich bezweifelte, dass er schlafen würde und betrat den Raum.

»Hallo Marc!«

»Hi«, sagte er und sah noch etwas zerknittert aus. »Der Notarzt persönlich!«

»Ich habe heute schon eine Frau im Einkaufszentrum vor dem sicheren Langeweiletod gerettet!«, sagte ich.

»Wie? Noch nix zum Kneten, Flitschen oder Schnorchel Reinschieben?«, fragte er.

»Nee, leider gar nix«, erwiderte ich zerknirscht.

»Hmmm, das ist ja schade«, sagte er enttäuschter als ich.

»Wie geht es dir denn?«

»Gut.« Er nickte versichernd. »Doch, die Narkose war sehr gut. Und mein Bauch wird wieder weich.«

»Super. Und dein Anästhesist hat ganze Arbeit geleistet?«

»Jaja, der kann das.«

Ich gab ihm Zeitschriften und Schokolade, die ich ihm zuvor

gekauft hatte und sah mich in seinem Einzelzimmer um. Ein Kreuz mit Jesus hing über der Tür. Ich räusperte mich. »Marc, also..., ich weiß nicht, wie ich es dir sagen soll..., aber bei deiner OP...«, ich seufzte und sah kurz zu ihm rüber.

»Also, ich habe gestern noch mit dem Oberarzt gesprochen und mit deinen Nieren...« Ich schüttelte den Kopf.

»Spaßvogel!«, presste er zwischen seinen Zähnen hervor. Wir unterhielten uns, bis Christine dazu kam. Sie umarmte Marc und erkundigte sich nach ihm. Danach fragte sie mich nach meinen Einsätzen. Ich erzählte eine verkürzte Version. »Ich komme heute Abend nochmal vorbei«, sagte ich.

»Brauchst du nicht!«

»Klar, sonst langweilst du dich zu...«

PIIIEEEP
PIIIEEEP
PIIIEEEP
»Bereitschaftsalarm«
»Bereitschaftsalarm«

»Scheiße«, sagte ich nur.

»Was ist das?«, rief Christine über den durchdringenden Klang.

»Einsatz«, sagte ich nur und rannte los.

Ich fegte fast eine Krankenschwester um, als ich über den Gang rannte. Sie sah mich verständnislos an. Ich würde es niemals zeitig zur Notaufnahme schaffen. Ich sprintete zum Treppenhaus, entschied mich dann aber für einen offen stehenden Aufzug, in den ich hineinstürmte. Die Leute sahen mich verwundert an. Als ich kurz später atemlos die Notaufnahme erreichte, war die Garage leer. Mist! Ich hoffte, dass es kein relevanter Einsatz sein würde.

Andreas Jacobi kam mir entgegen: »Die sind schon weg!«, sagte er höhnisch.

»Ach was? Ich dachte, die warten auf mich«, antwortete ich gereizt.

Eine viertel Stunde später kam das NEF zurück.

Dr. Bergmüller winkte ab. »War nichts Besonderes. Eine alte Frau mit Herzrasen. Nichts Relevantes.«

»Gut«, sagte ich und war zufrieden. Ich schlenderte ein wenig in der Notaufnahme umher und sah in die einzelnen Kabinen, um herauszufinden, ob irgendwelche interessanten Fälle eingetroffen waren. Außer einer mürrisch dreinblickenden jungen Frau mit Kopfschmerzen und einem nervösen älteren Herrn mit Angina pectoris war jedoch niemand da. Ich entschloss mich gerade, ...

PIIIEEEP
PIIIEEEP
PIIIEEEP
»Bereitschaftsalarm«
»Bereitschaftsalarm«

Einsatz Nr. 1461
Dienstag im Juni / Alarmzeit: 14:00
Einsatzort: Hahnenstraße
Bereitschaftsstatus: 2

Es geht Schlag auf Schlag. Wieder einmal zucke ich zusammen, freue mich aber auf den nächsten Einsatz. Dr. Bergmüller sieht mit hochgezogenen Augenbrauen auf den gezückten Funker, auf dessen LC-Display er den Einsatzort ablesen kann.

»Wo geht´s hin?«, frage ich, während die Rakete die Basis verlässt.

»Hahnenstraße«, antworten Thomas und Dr. Bergmüller zusammen.

»Ah, das ist ja sozusagen ein Heimspiel«, antworte ich, weil die Hahnenstraße gerade einmal zwei Querstraßen weiter liegt.

Dr. Bergmüller meldet sich mit dem riesigen, schwarzen Telefonhörer, der an der Armatur hängt, per Funk bei der Einsatzzentrale: »Florian von 17-31, bitte kommen.«

»17-31, bitte sprechen Sie.«

»Wir sind jetzt auf dem Weg in die Hahnenstraße.«

»Verstanden, 17-31. Ist intern-zwo.«

Ich bin gespannt. Zwar gibt es bei ‚internistischen' Fällen keine offenen Wunden, gebrochenen Knochen und Blutlachen wie bei ‚chirurgischen' Fällen, sie verlangen jedoch ein besseres diagnostisches Auge und mehr klinischen Verstand. Zwei Minuten später – eine Fahrt mit eher moderater Geschwindigkeit und wenig Sirene – sind wir in der Hahnenstraße angekommen, auf Höhe der vermuteten Hausnummer. Wir fahren langsam an der mit Geschäften besiedelten Häuserfront entlang.

»Also hier ist Hausnummer 93, dann muss 95 eigentlich hier gleich sein«, sagt Dr. Bergmüller.

»Hier ist schon 99«, sagt Thomas.

»Dann ist es diese Einfahrt dort.«

Zwischen zwei Häusern führt eine Toreinfahrt in eine akkurat bepflanzte Siedlung mit kleinen Mehrfamilienhäusern. Das NEF und das Haus trennt eine orange-weiß gestreifte Einfahrtsabsperrung. Dr. Bergmüller läuft mit einem passenden Schlüssel zur Absperrung und klappt sie flach auf den Boden. Thomas fährt hinterher. Das Haus 95 liegt dahinter auf der rechten Seite. Der RTW trifft im gleichen Moment ein. Dr. Bergmüller ist schon längst im Haus verschwunden. Keine Zeit für langsame Internisten wie mich! Ich renne in den Hausflur und erklimme die Treppe, bis ich eine Wohnungstür offen vorfinde.

Es ist eine mit vielen Möbeln zugestellte, enge und düstere Wohnung. Ein Mann mittleren Alters, vielleicht um die fünfzig Jahre, zeigt mir den Weg. »Da lang, da lang.« Er wirkt nicht sonderlich nervös. Drei Meter weiter stehe ich im Schlafzimmer. Es ist dunkel, die Gardinen sind zugezogen. Eine Frau liegt, nur spärlich mit einem Slip bekleidet, auf dem Bett. Die Beine sind gestreckt, den rechten Arm hält sie unruhig am Gesicht. Sie atmet mit großen, schnappenden Zügen, als wollte sie die Luft mit ihrem Mund einfangen. Die Rettungsassistenten knien sich mit den schweren Koffern auf den Boden und bereiten alles vor.

Dr. Bergmüller hat die Frau bereits laut angesprochen. Sie reagiert nicht. Er drückt auf ihre Augenbrauen – ein Schmerzreiz, um Reaktionen zu erreichen. Sie beugt ihren rechten Arm und wehrt unkoordiniert mit dem Linken ab. Dr. Bergmüller verlangt eine Lampe und leuchtet in ihre Augen, während er die Lider mit einer Hand hochzieht: »Pupillen anisokor, rechts größer links«, sagt er zu mir. Er tastet nach der linken Arteria carotis, der Halsschlagader. Dann sagt er zu den Rettungsassistenten: »Ich brauche einen Zugang und Flüssigkeit. Außerdem den Monitor.«

Ein Rettungsassistent misst Blutdruck und Puls, ein anderer

bereitet den EKG-Monitor vor und klebt Elektroden auf die Brust der Frau. Ich greife in meine Tasche, reiche Dr. Bergmüller eine Nadel für den intravenösen Zugang. »Ich mache eine Infusion mit Sterofundin«, sage ich und greife in den Koffer des Rettungsassistenten, schnappe mir eine Flasche der Salzlösung, entlüfte das Infusionsset und schließe das Ganze an den Zugang an, die Dr. Bergmüller gelegt hat.

»Jemand muss den Arm festhalten«, sagt er ruhig. Ich knie mich auf das Bett und fixiere mit beiden Händen den Arm. Ich bin überrascht über die Kraft, die die bewusstlose Frau aufbringt. Jetzt, in der Notfallsituation, fühle ich, wie sich eine Ruhe in mir ausbreitet: Ich bin konzentriert und überlege mir, wie wir der armen Frau helfen können.

»Können Sie die hier halten?«, bittet er mich, während er den Zugang fixiert. Ich greife nach der Flasche Stero und halte sie hoch.

»Ich kann die Flasche auch nehmen«, sagt ein RA und nimmt sie mir ab, damit ich die Frau besser festhalten kann. Mir fällt der etwas vernachlässigte Zustand der etwa fünfzigjährigen Frau auf. Die Haare sehen ungepflegt aus und liegen wirr um den Kopf. Während sie nach Luft schnappt, entblößt sie ihre gelblichen Zähne. Die Atemluft riecht unangenehm.

»Kussmaulatmung nennt man das«, erklärt mir Dr. Bergmüller.

»An den unteren Extremitäten hat sie Streckkrämpfe und an den Armen Beugemyoklonien. Nur rechts. Spricht für einen Hirnprozess linksseitig«, vermute ich.

»Blutdruck 210 zu 100, Puls 90, Zucker 130«, kommentieren die RAs.

Ich habe Mühe, die Arme, die die Frau immer wieder gegen meinen Widerstand beugt, herunterzudrücken, um den Zugang nicht zu gefährden. Ich fühle durch meine Handschuhe, dass das Laken feucht ist. Die Frau hat eingenässt.

»EKG mit einigen ventrikulären Extrasystolen. Sauerstoffsättigung bei 96%«, sagt Dr. Bergmüller und wendet sich an den Mann, der im Raum teilnahmslos dabeisteht: »Sie sind der Ehemann?«

»Ja.«

Was ist denn passiert?«

»Also ich bin gestern spät nach Hause gekommen, so vielleicht um dreiundzwanzig Uhr oder so..., na, da hat sie im Flur auf dem Boden gelegen. Da habe ich sie ins Bett gebracht.«

»War sie denn zu der Zeit schon bewusstlos?«

»Nee, also..., ich weiß nicht.«

Dr. Bergmüller zieht eine Augenbraue hoch.

»Vorgestern oder gestern hatte sie noch so Kopfschmerzen und hat sich ins Bett gelegt. Sie hat schon mal Migräne. Dann hat sie diese Kopfschmerztabletten genommen.« Er reicht Dr. Bergmüller eine Packung Aspirin. Sämtliche Alarmglocken klingeln in meinem Kopf. Sehr starke Kopfschmerzen können ein Hinweis auf eine intracerebrale Blutung sein. Acetylsalicylsäure, also ganz normales Aspirin, hemmt das Zusammenkleben von Blutplättchen, wodurch Blutungen verstärkt werden. Ich vermute eine starke Hirnblutung als Ursache für die Bewusstlosigkeit.

»Nimmt ihre Frau irgendwelche anderen Medikamente? Hat sie viel Alkohol getrunken?«

»Nee, sonst nimmt sie nur noch diese hier.«

Der Mann reicht noch eine Packung ‚Euthyrox 75‘, Schilddrüsenhormone. »Viel trinken tut sie eigentlich nicht.«

»Ihre Frau hat hier an der Außenseite vom Arm blaue Flecken, wissen Sie woher die kommen?«, fragt Dr. Bergmüller. Die blauen Flecken waren mir noch überhaupt nicht aufgefallen.

»Weiß nicht. Hat sie sich wohl irgendwo gestoßen.«

»Wie alt ist ihre Frau?«

»Fünfzig. Sie wird jetzt einundfünfzig.«

Vielleicht hat der Mann seine Frau misshandelt, sie ist mit

dem Kopf gegen etwas gestoßen und hatte dann eine Blutung? Während ich halb auf dem linken Bein der Frau knie und mir die Arme langsam ermüden vom angestrengten Festhalten, prüfe ich noch einen Reflex. Ich streife mit meiner Daumenspitze über die seitliche Kante des rechten Fußes der Patientin. Der große Zeh reckt sich nach oben.

»Babinski rechts positiv«, rufe ich und überprüfe den linken Fuß. »Links negativ.«

Dr. Bergmüllers Interesse ist geweckt, und er kommt herüber, um den Reflex zu wiederholen. Ich halte die Patientin jetzt wieder mit beiden Händen fest, weil sie noch immer immense Kräfte aufwenden kann. Hin und wieder gibt sie ein Stöhnen von sich, ihre Augen bleiben dabei geschlossen.

Dr. Bergmüller wendet sich wieder dem Ehemann zu und erklärt seine Vermutung: »Ihre Frau hat womöglich eine Blutung im Kopf, was ihren Zustand und auch ihre Kopfschmerzen erklären würde. Das ist ein sehr kritischer Zustand, so dass wir sie jetzt sofort in unser Klinikum bringen werden, um Röntgenaufnahmen zu machen.«

Der Ehemann wirkt nicht sonderlich schockiert oder besorgt. Er sagt nur: »Ja, dann suche ich ihre Sachen zusammen und komme nach.«

Dr. Bergmüller nickt. Er, die RAs und ich wissen, dass es nicht nur ein kritischer Zustand ist, in dem sich die Frau befindet, sondern, dass es gut möglich ist, dass sie die nächsten Stunden, geschweige denn den nächsten Tag, nicht überleben wird. Die maschinenartige Atmung deutet auf einen Hirnschaden hin, der bereits irreparabel sein kann. Die Beugekrämpfe des rechten Arms und die Streckung des linken Beins sind Mechanismen, die nur noch vom Stammhirn aus induziert werden. Das Großhirn könnte schon abgeschaltet sein.

»Wir werden die Frau im RTW intubieren«, erklärt mir Dr. Bergmüller. »Hier in der Wohnung sind die Bedingungen schwieriger. Außerdem müssten wir Patientin und Beatmungsgerät durch das Treppenhaus transportieren.«

Der Zugang bleibt im Arm der Frau, die EKG-Elektroden werden entfernt. Jemand zieht ihr eine Decke über den nackten Körper. Gemeinsam heben wir sie auf die Trage. Sie wird mit Anschnallgurten fixiert. Zwei RAs tragen die Frau aus der Wohnung in das Treppenhaus. Ich nehme einen der Koffer und den Monitor und folge ihnen. Wenn die Patientin in dieser Situation aufhört zu atmen oder schwerwiegendere Herzrhythmusstörungen bekommt, haben wir ein großes Problem. Im Treppenhaus ist eine Behandlung unmöglich. Entweder man wählt den schnellsten Weg in den RTW oder man geht – vorausgesetzt der Weg ist viel kürzer – zurück in die Wohnung, in der man mit dem Gerät aus den Koffern arbeiten müsste.

Ich höre das »Halt! Halt!« eines RA, der Schwierigkeiten hat, die Trage um das Geländer herum zu manövrieren. Ich laufe mit dem kiloschweren Koffer und dem massiven Monitor fast in Dr. Bergmüller hinein, kann im letzten Moment abbremsen. Langsam setzt sich der Pulk wieder in Bewegung. Nach einer Minute sind wir endlich im Erdgeschoß angekommen, und erst jetzt fällt mir auf, dass wir im dritten Stock waren. Ich bin mir sicher, dass Dr. Bergmüller diese Information bereits vor dem Eintreffen am Ort des Geschehens erfasst hat.

Die Patientin wird in den RTW verladen. Ich steige mit Dr. Bergmüller über die Seitentür ein und hänge die Infusionsflasche an die Decke.

»So jetzt, bereiten wir mal eine Narkose vor«, sagt er und zwinkert mir zu. »Fentanyl 0,5 und Etomidat 40 bitte.«

Der Rettungsassistent, der mit uns im RTW ist, reicht Dr. Bergmüller die Medikamente, der sie langsam injiziert.

»Mit so einer Narkose senkt man übrigens auch den Blutdruck. Der lag ja ziemlich hoch. Zu stark will ich ihn allerdings nicht senken, da sich dann wiederum die Durchblutung cerebral verschlechtern kann, falls es eben doch eine Ischämie und keine Blutung ist«, erklärt er mir. Dann lässt er sich das Intubationsbesteck geben. Ein Laryngoskop und einen Tubus. Er führt das Laryngoskop mit seinem langen, gebogenen Metallspatel in den Mund der Patientin ein und zieht den Griff deckenwärts, so dass sich ihr Kopf vom Kissen der Trage abhebt. Er beugt sich vor, sieht in den ausgeleuchteten Mund und schiebt den flexiblen Plastikschlauch, den Tubus, langsam in den Rachen vor. Danach blockt er den Tubus mit einer Spritze voll Luft, damit er nicht verrutscht. Der RA schließt die Beatmungsmaschine an. Rhythmisch hebt sich die Pumpenmembran des Gerätes und ebenso der Thorax der Patientin.

»So, und jetzt noch ´was für den Magen.« Dr. Bergmüller bringt einen Güdel-Tubus zwischen die morsche Zahnfront der Patientin und schiebt eine Magensonde durch dessen Öffnung. Dabei drückt er den Kopf der Patientin auf ihre Brust und schiebt die Sonde vor. Er überprüft die Atemgeräusche mit seinem Stethoskop über der Lunge und bläst in die Magensonde, während er das Stethoskop über den Bauch hält, um die Lage von Tubus und Magensonde zu überprüfen.

Zum RA auf dem Fahrersitz sagt er ruhig: »So, wir fahren ins Klinikum mit Sonderrechten.«

Der RTW setzt zurück. Die Sirene beginnt über uns zu heulen. Ich greife nach einer Stange an der Decke, um mich festzuhalten und werde kräftig durchgeschüttelt. Die Liege ist gut gefedert, so dass schwerere Stöße für die Patientin abgefangen werden. Sie sieht mitleiderregend aus. Aus dem Mund, der eben noch fischgleich nach Luft schnappte, hängt ein Tubus und lässt sie jetzt eher wie ein Fisch am Haken aussehen. Die unkoordinierten Arm- und Beinbewegungen sind unter der Narkose erschlafft. Das Fentanyl wird ihr alle Schmerzen genommen haben, sollte sie welche in ihrem komatösen Zustand gehabt haben.

»Bei Bewusstlosigkeiten, insbesondere bei cerebralen Ursachen, muss man immer intubieren«, erklärt mir Dr. Bergmüller. »Bei der Patientin war es bei dieser eingeschränkten Atmung sowieso notwendig. Außerdem können Sie nie wissen, ob und wann sich ein Patient klinisch verschlechtert.«

Dann bittet er den Fahrer, Kontakt zur Klinik aufzunehmen, damit das CT für unseren Notfall freigemacht wird.

Übergabe 14:20
Einsatzende
Bereitschaftsstatus: 2

Wir rollten die Patientin auf der Liege in den Schockraum der Notaufnahme, wo sie von Andreas versorgt wurde. Sie wurde auf ein Bett gelagert und mit einem klinikeigenen Gerät beatmet. Wir fuhren direkt mit ihr zum CT, das nahe der Notaufnahme lag. Es war alles vorbereitet. Die radiologisch technischen Assistentinnen oder ‚RTA' schwirrten um die Patientin herum, betteten sie um und sortierten gekonnt die vielen Kabel und Schläuche. Ich beobachtete das EKG auf dem Monitor, aber es waren keine Herzrhythmusstörungen zu sehen. Der Blutdruck war auf 140 zu 80 gesunken. Eine RTA stellte im Kontrollraum die nötigen Parameter am Computer ein. Alle verließen den CT-Raum und gingen in den Kontrollraum. Als einziger blieb Andreas mit einer Bleischürze, die ihn vor den Röntgenstrahlen schützen sollte, bei der Patientin.

Ich war gespannt auf die Ergebnisse und starrte zusammen mit Dr. Bergmüller und dem übrigen Personal auf den Monitor. Schwarz-weiße Bilder bauten sich nach und nach auf dem Computermonitor auf. Die RTA verstellte einige Parameter, bis das Bild immer klarer wurde.

»Also, wenn jetzt ein großer Weichteiltumor erscheint, dann ist das Andreas´ Hand«, sagte ich. Dr. Bergmüller lachte.

Eine Minute später zeichnete sich eine diffuse, unterschiedlich weiß leuchtende Fläche neben der normalen Hirnstruktur ab. Eine Blutung!

»Ich sehe keine Fraktur über der Hirnblutung«, sagte Dr. Bergmüller. »Also hat ihr Mann sie nicht gegen die Wand geschleudert.«

Die rote Lampe über der Tür, die die Aktivität des CTs anzeigte, erlosch. Dr. Bergmüller reckte seinen Daumen zu Andreas, der bereits unter seiner Bleischürze zu schwitzen begonnen hatte. Mit ihm und Ute, der Schwester der Spätschicht, schob ich die Patientin in einen anderen Raum, um einen zentralen Venenkatheter zu legen. Alles war bereits vorbereitet, Andreas desinfizierte das Hautareal über dem rechten Schlüsselbein, zog sich sterile Handschuhe an, sondierte an der Stelle mit einer Spritze. Als Blut durch die Nadel floss, zog er die Spritze ab und schob einen Führungsdraht durch die Kanüle, die er daraufhin entfernte. Dann fädelte er einen langen, weichen Plastikschlauch – den Katheter – über den Führungsdraht und schob ihn bis zum achtzehnten Zentimeter vor. Dann nähte er den Katheter mit einem Stich an. Der hinzugerufene Neurochirurg betrat unseren Behandlungsraum. Er untersuchte die Patientin auf ihre Reflexe, nachdem er sich versichert hatte, dass wir sie nicht medikamentös relaxiert hatten.

»Die Patientin kommt direkt als nächstes in den OP«, brummte er. »Ist alles besprochen. Kann direkt rüber. Transport organisieren.«

Ich ging zurück in die Notaufnahme, in der Dr. Bergmüller so entspannt saß, als hätte er keinen größeren Einsatz gehabt, sondern sich in einem netten Straßencafé gesonnt. Routine!

»Jetzt habe ich aber meinen relevanten Einsatz, oder?«, fragte ich ihn.

»Allerdings.«

»Dann sind's ja nur noch neun!«, sagte ich lachend.

»Schaffen wir, schaffen wir! Das war übrigens eine fünf auf der Glasgow Coma Scale.«

»Von wieviel maximal?«

»Fünfzehn. Minimal drei, was soviel heißt wie tot.« Er überlegte. »Wissen Sie, was ich vergessen habe?«

»Nein.«

»Ich habe mir den Schädel der Patientin nicht direkt am Unfallort auf Gewalteinwirkungen angesehen. Also erst hier, nach dem Einsatz. Die Geschichte vom Ehemann war ja etwas merkwürdig gewesen. Ich glaube, die meisten Leute würden uns wohl sofort rufen, wenn sie ihre Frau auf dem Boden liegend in der Wohnung finden würden. Ich weiß nicht, wie es ihnen geht, aber ich fand sein Verhalten schon sehr seltsam. Aber hinterher fallen einem immer noch gute Dinge ein.« Er schüttelte nachdenklich den Kopf. »Nein, wir haben alles richtig gemacht. Die Frau hatte keine Fraktur am Kopf. Das heißt, dass die Blutung wohl nicht traumatisch, sondern am ehesten durch eine Aneurysmaruptur zustande gekommen ist.«

Ute, eine hochgewachsene, schlanke Krankenschwester mit roten, lockigen Haaren interessierte sich nun zunehmend für unseren Einsatz: »Was war da? Der hat sie auf dem Boden liegend in der Wohnung gefunden?«

Dr. Bergmüller nickte. »Nachdem er um dreiundzwanzig Uhr nach Hause gekommen war. Sie hatte Kopfschmerzen. Dann hat er sie irgendwie ins Bett gelegt.«

»Naja, Kopfschmerzen haben ja viele Frauen um diese Uhrzeit«, sagte ich. »Aber ich versuche dann gar nicht mehr, sie ins Bett zu kriegen.«

»Ach ihr seid doch blöd!«, rief Ute.

Dr. Bergmüller hob die Hände entschuldigend. »Das hat der Internist gesagt, nicht ich.«

»Ach, von dir hätte das auch kommen können.« Dann wurde sie wieder ernst. »Na, und was war dann?«

»Das... wissen wir leider auch nicht so genau. Auf jeden Fall ist sie nicht mehr so richtig wach geworden. Vielleicht ist er zur Arbeit gegangen und hat sie dann erst wieder nachmittags entdeckt.«

»Das ist ja seltsam«, sagte Ute. »Aber so sind se, die Männer.«

Thomas kam herein. »Also, ich hätte das bei meiner Frau frühestens gemerkt, wenn ich kein Essen bei der Sportschau gehabt hätte«, sagte er.

»Oder keine frischen Hemden«, ergänzte Dr. Bergmüller.

»Oder, weil es plötzlich so angenehm leise ist«, sagte ich lachend.

»Also, wenn ihr morgen nicht da wärt, das würde mir auch nicht auffallen. Außer vielleicht beim Peter, weil noch Kaffee übrig ist«, sagte Ute.

Ich dachte über die Patientin nach und überlegte, was ich als Notarzt beim Einsatz vielleicht vergessen hätte. Eigentlich war alles relativ klar gewesen. Nur hatte ich wenig Erfahrung mit Narkosemitteln.

Ein Anästhesist intubiert in einem Jahr zighundert Patienten, während ich kaum zehn in meiner kurzen Zeit als Arzt intubiert hatte. Die Intubation und der Umgang mit Narkosemitteln sind von großer Bedeutung in der Rettungsmedizin. Man muss zwar nicht jeden Patienten narkotisieren und ihm einen Tubus in den Hals stecken, jedoch sind die Einsätze, bei denen es erforderlich ist, umso brenzliger. Wenn man in so einer Situation Schwierigkeiten mit der Technik hat, wird man – auch als Arzt – ziemlich schnell nervös. Noch schlimmer ist es bei Kindern oder Säuglingen. Sie zu intubieren ist nicht einfach, und die Dosierungen der Narkotika bei Kindern muss man genau kennen. Es bringt in der Medizin wenig, zehnmal gelesen zu haben, dass ein Patient mit Herzrasen fünf Milligramm eines Betablockers benötigt oder dass eine gute Anästhesie mit fünfzig Milligramm Etomidat erreicht werden kann. Man muss das Gefühl gewonnen haben, wieviel man einem Patienten verabreichen und wie man das Medikament steuern kann. Denn einmal gespritzt, hält die eine Substanz fünf Minuten, eine andere vielleicht zwanzig Stunden vor.

Als unerfahrener Arzt in einer größeren Klinik kann man wenig wirklich falsch machen, wenn man bei schwierigen Entscheidungen Rücksprache mit einem erfahreneren Kollegen abhält. Als Notarzt ist man aber der einzige Arzt vor Ort. Unwissen oder Unerfahrenheit kann den Patienten leicht das Leben kosten.

Christian, der Dienst-PJ´ler kam herein. Er sah mich und grinste über beide Ohren. Wahrscheinlich erwartete er einen Witz von mir. »Und, schon Leben gerettet?«, fragte er mich.

Ich sah ihn an und antwortete zögerlich: »So genau weiß ich das ehrlich gesagt nicht.«

»Wie?«

Ich erzählte ihm von dem letzten Einsatz.

»Und jetzt?«, fragte er.

»Die ist jetzt bei den Neurochirurgen.«

»Hat die denn überhaupt ´ne Chance?«

»Sie ist bei Chirurgen, welche Chance soll sie da noch haben?«, fragte ich.

PIIIEEEP
PIIIEEEP
PIIIEEEP
»Bereitschaftsalarm«
»Bereitschaftsalarm«

Einsatz Nr. 1462
Dienstag im Juni / Alarmzeit: 17:53
Einsatzort: Altenheim
Bereitschaftsstatus: 2

»Kommt immer ziemlich unpassend, so ein Einsatz«, witzelt Dr. Bergmüller. Im NEF nimmt er Verbindung zur Einsatzzentrale auf.

»Wir fahren ins Altenheim in der Luisenstraße. Ich glaube, da muss ich dir den Weg ja nicht sagen.«

»Das finde ich im Schlaf.«

»So wie vor zwei Wochen diese Seitenstraße der Beethovenstraße?«

»Da hast du mich verwirrt.«

Dr. Bergmüller lacht laut. »Nichts gegen solche Spezialisten wie dich.«

Wir verlassen die Rampe. Eine kurze Fahrt. Nach drei Minuten sind wir schon da. Der RTW trifft hinter uns ein. Ich halte das Ampullarium bereits in meiner Hand und gemeinsam rennen wir zu einer tiefer gelegenen Einfahrt, zum Eingang. Die Situation, die sich uns im nächsten Augenblick bietet, erweckt in mir eine Mischung aus Mitleid und dem Drang zu lachen. Wir befinden uns in einem Speisesaal mit etwa zwanzig Tischen, an denen etliche Senioren sitzen und ihr Abendessen vertilgen. Um zehn vor sechs! Und die meisten sind schon fast fertig! Ich frage mich, wann die ihr Abendessen serviert bekommen. Um fünf? An einem weiter hinten gelegenen Tisch ist die Patientin unseres Einsatzes, eine alte Frau, zu der uns eine Betreuerin führt. Ich bin amüsiert, als ich mir die Gesichter der Mitbewohner ansehe. Einige blicken zu der Patientin, die anderen essen unbeirrt weiter. Anscheinend gehören Notarztbesuche für die meisten hier zum Alltag. Ich bin nervöser als die ganze weißhaarige Bewohnerschaft zusammen. Worte mischen sich unter das Klappern von Geschirr. ‚Was hat sie denn?‘ oder ‚Eben war sie doch noch normal!‘

»Sie ist eben vom Stuhl auf die linke Hüfte gestürzt«, erklärt die Betreuerin.

Dr. Bergmüller stellt sich der Patientin, die ich auf etwa neunzig Jahre schätze, vor. »Hallo, mein Name ist Bergmüller und ich bin der Notarzt. Wir werden Ihnen jetzt eine Nadel legen und Ihren Blutdruck messen.«

Die Frau nickt. Sie wirkt klar und aufmerksam. Dr. Bergmüller hält mir eine Infusionsnadel hin, damit ich sie lege. Ich will es gerade jetzt, in der Eile und vor etwa einhundert Zuschauern, gut machen. Dr. Bergmüller staut mit seiner Hand den Arm der Patientin, der zerbrechlich aussieht und mit papierdünner Haut bespannt ist. Ich klopfe mit meiner flachen Hand auf ihren Handrücken. Die Venen treten hervor und die Nadel gleitet problemlos in eine besonders dicke hinein. Der Rückschlag füllt sich mit Blut. Geschafft! So nebensächlich das Legen dieser Nadel auch ist, so wichtig ist mir das Gelingen in diesem Moment. Rasch klebe ich den Zugang fest und ziehe die Kanüle heraus.

Thomas gibt die Messwerte durch. »Blutdruck 100 zu 70, Puls 80.«

»Zucker 54«, ruft ein RA, den ich nicht kenne.

»Etwas niedrig. Kann ich einmal Glucose haben?«, bittet Dr. Bergmüller.

Dann frage ich die Patientin: »Welche Medikamente nehmen Sie ein?«

Die Betreuerin spricht für sie: »Also, ich habe hier einen Zettel: Corvaton, Renacor, Novodigal, Isoptin, ASS 100, Ismo 40.«

Alles Medikamente für das Herz. Die Patientin wird, wie die meisten Menschen ihres Alters, eine Herzinsuffizienz haben und zusätzlich eine Verengung der Koronararterien. Und wenn die Gefäße am Herz in dem Alter verkalkt sind, sind sie es im restlichen Körper auch.

»Wir wissen nicht genau, woran es liegt, dass Sie eben kurz bewusstlos waren, aber wir werden Sie in das Marienkrankenhaus fahren, dort wird man das abklären können.«

Die Patientin reagiert ruhig und nickt. Wahrscheinlich ist sie bereits Profi im Krankenhausbusiness. Die RAs haben bereits eine Trage geholt. Ich staune wieder über den schnellen und reibungslosen Ablauf. Bis mal etwas im Krankenhaus läuft, dauert das schon etwas länger. Hier geht alles Hand in Hand ohne Kompetenzrangeleien. Es geht um die Patienten. Streitigkeiten sind entweder nicht vorhanden oder werden hinterher ausgetragen.

Dr. Bergmüller notiert sich die Medikamente der alten Dame auf einem neuen Einsatzprotokoll. Zusammen gehen wir zum Rettungswagen.

Nach einer leicht ruckeligen Fahrt sind wir da. So lerne ich alle Krankenhäuser der Stadt kennen. Dr. Bergmüller übergibt die Patientin einem gestressten jungen Arzt, der direkt versteht, dass es hier nicht um Leben oder Tod geht und schaltet auf den Kurzmodus. Er nickt hektisch, reißt Dr. Bergmüller das Einsatzprotokoll aus der Hand, sieht kurz hin, schüttelt die Hand und ist schon verschwunden. Wir verabschieden uns höflich und wünschen ‚Gute Besserung'. Wovon wissen wir dabei selbst nicht so genau.

Übergabe 18:10
Einsatzende
Bereitschaftsstatus: 2

»Wie relevant war der Einsatz?«, fragte ich Dr. Bergmüller, obwohl ich die Antwort bereits kannte.

»Gar nicht. Ohne uns hätte die Patientin ja auch überlebt.«

»Naja, immerhin hat sie trotz uns überlebt.«

»Das wird auf der Skala leider nicht bewertet.«

Wir saßen am Tisch des Aufenthaltraums, lehnten uns zurück und streckten die Beine aus. Wir hatten etwa noch eine halbe Stunde bis zum Ende des Dienstes. Zur Nachtschicht der Notaufnahme kam ein Anästhesist, den ich vom Sehen her kannte. Er würde Andreas um sieben Uhr ablösen. Nach einer kurzen Begrüßung und dem Erfragen des Status ging er sich umziehen. Die Ruhe und fast besinnliche Stille, die in der Notaufnahme herrschte, änderte sich innerhalb von zehn Minuten. Das Telefon klingelte. Es war die Feuerwehr, die ein Polytrauma, einen Motorradunfall, ankündigte. Sollte in etwa zehn Minuten eintreffen, noch war der Notarzt auf der Landstraße. Ich freute mich. Nicht für den Motorradfahrer, aber darauf, die Erstversorgung eines Polytraums sehen zu können. Ich war gespannt auf den Ablauf der Handgriffe bei der Versorgung des Patienten. Was würde als erstes getan werden? Welche Kliniken würden verständigt und involviert werden?

Motorradunfälle gehören zu den schlimmsten überhaupt, weil Motorradfahrer ungeschützt sämtliche Körperregionen allen möglichen Verletzungsmustern preisgeben. Wenn ein Motorradfahrer nicht sofort durch einen Genickbruch stirbt, können nicht nur Schürfwunden, gebrochene Arme oder Beine die Folge sein. Gefürchtet sind Querschnittslähmungen und Beckenfrakturen. Häufig verbluten die Opfer innerhalb von Minuten an unstillbaren Gefäßrissen. Das Becken ist als

Hauptort der Blutbildung sehr gut mit Gefäßen versorgt.

Bei geöffnetem Helmvisier kann es zu schweren Gesichtsverletzungen mit Augapfelquetschungen und –rissen kommen. Innere Verletzungen wie Milz-, Nieren- und Leberrupturen können die Chirurgen die ganze Nacht hindurch auf Trab halten.

Ein Notarzt hatte mir einmal einen Fall geschildert, bei dem ein Motorradfahrer auf einer Autobahn ins Schleudern geraten und vom Motorrad gestürzt war. Dabei schlitterte er etwa zwanzig Meter und wurde auch nicht gebremst, als er unter einer Leitplanke hindurchschoss und ihm dabei einer der kleinen Pfosten den Arm von der Achsel abwärts abtrennte. Aufgrund des hohen Blutverlustes erlitt der Fahrer einen Schock und starb an Multiorganversagen auf der Intensivstation.

Andreas rief schon jetzt Oberärzte der Unfall- und der Neurochirurgie an, um über den eintreffenden Patienten zu informieren. Ich sah auf die Uhr: kurz vor sieben. Ich würde etwas länger bleiben, um die Erstversorgung mitzuerleben. Vielleicht würde ich danach...

PIIIEEEP
PIIIEEEP
PIIIEEEP
»Bereitschaftsalarm«
»Bereitschaftsalarm«

Einsatz Nr. 1463
Dienstag im Juni / Alarmzeit: 19:00
Einsatzort: Bergstraße
Bereitschaftsstatus: 2

Dr. Bergmüller sieht fast so überrascht aus wie ich. »Oh, den nehmen wir noch mit«, sagt er. Ich greife nach meiner schmutzigen Rettungsdienstjacke, die ich schon lieb gewonnen habe. Thomas grummelt »Kurz vor Ende. Das muss sich jetzt aber auch lohnen.«

»Kennst du die Bergstraße?«, fragt Dr. Bergmüller, als wir im NEF sitzen.

»Klar, bei der Kaiser-Wilhelm-Straße«, ruft er bei achtzig Stundenkilometer. Die Ampel zur Kurfürstenstraße steht auf Rot. Letzte Heimfahrer versperren die insgesamt sechsspurige Straße.

»Ihr Idioten, macht ihr wohl bald Platz!«, ruft Thomas.

»Die wissen doch gar nicht wie das geht«, sagt Dr. Bergmüller.

»Alle noch mal in die Fahrschule!« Thomas kurvt gekonnt um einen blauen Golf, in dem ein junger Mann mit geistlosem Gesichtsausdruck sitzt. Wir biegen rechts ab auf die Kurfürstenstraße. Wagen bremsen und lassen uns durch, wir fahren geradeaus und dann links auf die Breslauer Straße. Dort schaffen wir knapp hundert Stundenkilometer bis Thomas mit quietschenden Reifen in eine Seitenstraße abbiegt.

»Ich dachte schon, du hättest das verlernt.«

»Was?«

»Die quietschenden Reifen. Was denkt denn unser Praktikant darüber?« Dr. Bergmüller dreht sich zu mir um.

»Oh, ich habe einen Riesenspaß hier hinten«, sage ich überzeugt.

Wir kommen vor einem etwa sechsstöckigen Haus zum Stehen, steigen aus und laufen in einen muffigen Hausflur. Als Dr. Bergmüller die Tür der dritten Etage erreicht, sehe ich bereits eine ältere Frau mit Taschentuch in der Hand und verweinten Augen. Neben ihr steht ein jüngerer Mann, ihr Sohn.

»Was ist passiert?«, fragt Dr. Bergmüller.

In die Stille der Wohnung flüstert die Frau: »Ich habe sie hier eben gefunden.«

Wir gehen durch einen düsteren Flur, der mit alten, rustikalen Möbeln eingerichtet ist. Das Schlafzimmer liegt am Ende des Flures. Ein kleines Zimmer, das heller ist als der Rest der Wohnung. Bestickte Gardinen, gelber, gemusterter Bettbezug. Quer auf dem rustikalen Bett liegt ein mit einem Nachthemd bekleideter, lebloser Körper. Das Gesicht ist bleich, fast gelblich. Der Mund ist weit geöffnet und beschreibt mit der Oberlippe eine nach oben gerichtete zahnlose Parabel. Auf dem Mund thront eine kleine Schaumkugel. Wir brauchen kein Stethoskop, keinen Blick auf den Thorax, um die Atmung zu kontrollieren. Wir brauchen auch keine Lampe, um die Pupillenreflexe zu überprüfen. Wir sehen bereits die roten Totenflecken an den Unterarmen. Die RAs stehen relativ teilnahmslos herum und hantieren mit Protokoll und Stempel. Die Frau, die uns ins Schlafzimmer geführt hat, steht an der Tür, ihr Sohn hält einen Arm um ihre Schulter.

»Wer ist sie?«, fragt Dr. Bergmüller leise.

»Das ist meine Mutter«, antwortet die Frau mit unterdrückter Stimme.

Auf den ersten Blick habe ich die Leiche für einen Mann gehalten. Vielleicht weil die Haare schon einer höher werdenden Stirn Platz geboten haben und die Gesichtszüge so kantig wirken.

»Ihre Mutter ist gestorben. Wir müssen sie kurz untersuchen. Dürften wir Sie für einen Moment nach draußen bitten?«

Mutter und Sohn verlassen das Zimmer. Auch die RAs ziehen sich in den Flur zurück. Auf Leichenschau hat keiner Lust.

Das Gesetz schreibt vor, dass jeder Verstorbene von einem Arzt, vornehmlich von seinem Letztbehandelnden, untersucht wird. Dabei ist vor allem die Feststellung des Todes von Bedeutung. Den sicheren Tod kann man nicht anhand stehengebliebener Atmung, fehlenden Pulses oder starren Pupillen feststellen. Ein Ertrunkener könnte alle Symptome bieten und trotzdem eine Chance auf Reanimation, auf Wiederbelebung, haben. Sichere Todeszeichen sind nur Totenflecken, Leichenstarre, Fäulniszeichen, Hirntod und mit dem Leben nicht zu vereinbarende Verletzungen, wie zum Beispiel ein abgetrennter Kopf.

Eine Leiche muss komplett entkleidet begutachtet werden, um eventuelle Spuren der Gewalt nicht zu übersehen. Die Frau, die wir hier vor uns haben, ist offensichtlich von Atemnot, Herzinfarkt oder ähnlichem überrascht worden, hat sich auf das Bett gesetzt, ist hintenüber gefallen und gestorben.

»So einen Schaumpilz habe ich bisher auch nur in Lehrbüchern gesehen«, sage ich zu Dr. Bergmüller. ‚Schaumpilze' bilden sich beim Tod mit Wasseransammlung in der Lunge.

»Wahrscheinlich Lungenödem«, sagt Dr. Bergmüller.

Wir ziehen das Nachthemd hoch. Der nackte Körper der Leiche wirkt fahl und wächsern. Nichts deutet auf Verletzungen hin. Dr. Bergmüller überprüft durch Pressen mit beiden Händen die Stabilität von Schädel, Thorax und Becken. Knochenkrepitation, also das Knirschen von gegeneinander gleitenden Knochenenden, ist nicht zu hören. Ich prüfe die Leichenstarre, indem ich am Unterkiefer ziehe und Arme und Beine beuge. Die Gliedmaßen fühlen sich kalt an, sind aber nicht mehr starr. Normalerweise beginnt die Starre am Kiefergelenk, danach an den Gliedmaßen und löst sich wieder in umgekehrter Reihenfolge. Dass die Leiche nicht mehr starr ist, deutet darauf hin, dass sie schon etwas länger unentdeckt hier gelegen hat.

Nun drehen wir sie auf den Bauch, um den Rücken zu sehen. Ich stehe auf der linken, Dr. Bergmüller auf der rechten Seite

des Bettes. Ich ziehe mit beiden Händen die linke Körperseite der Leiche zu mir herüber. Der Kopf kippt zur Seite, der Schaumpilz fällt ab, der Körper rollt über den Mittelpunkt und liegt fast auf dem Bauch. Der ganze Raum füllt sich mit einem stechenden Fäulnisgeruch. Unter dem Kopf der toten Frau hat sich eine Lache von vergorenem Mageninhalt gesammelt. Ich bin froh, dass mir nichts über den Arm gelaufen ist.
»Puh«, sagt Dr. Bergmüller und verzieht das Gesicht. »Ich glaube, wir haben genug gesehen.«.
Ich stimme ihm mit einem nasalen »Hmmm« zu und drehe die Leiche zurück auf den Rücken. Ich erschrecke für eine Sekunde, weil die Augen der Toten jetzt offen sind. Der Blick ist starr an die Decke gerichtet. Neben dem Kopf sickert das Erbrochene langsam in das Bett und färbt den gelben Überzug schwarzbraun. Am liebsten möchte ich direkt aus dem Zimmer rennen. Wir können die Leiche jedoch nicht so liegen lassen. Ich ziehe der Frau das Nachthemd über Bauch, Scham und Oberschenkel. Dr. Bergmüller öffnet umsichtig das Fenster, ehe wir den Raum verlassen. Vorbei an den gelangweilten RAs betreten wir das Wohnzimmer, in dem die Tochter der Verstorbenen mit ihrem Sohn sitzt. Auch hier ist alles in rustikaler, dunkler Eiche gehalten. Ein Tischchen mit weißer Stickdecke steht vor der ledernen Couchgarnitur. Trockenblumen schmücken den Tisch. Neben der Couch steht ein Schrank mit einem Fernseher und einigen Bücher. Alles in allem ist das Zimmer sehr aufgeräumt und gepflegt.
Dr. Bergmüller erklärt der Frau nüchtern, dass wir den Tod ihrer Mutter festgestellt hätten, und dass er den Todeszeitpunkt vor drei Tagen vermuten würde.
»Jaja, am Freitag habe ich noch mit ihr telefoniert. Da ging es ihr gut. Allerdings hatte sie ′was am Magen. Ein Magengeschwür.«
»Und am Samstag hatten Sie keinen Kontakt mehr?«
Sie schüttelt den Kopf. »Nein. Heute kam mir das komisch vor.

Deshalb bin ich hier hingefahren. Und dann habe ich sie gefunden.«
Sie sieht jetzt gefasster aus, obwohl ihre Hände noch zittern.
»Da ich Ihre Mutter nicht persönlich kenne, bräuchte ich irgendeinen gültigen Ausweis, mit dem ich die Identität für die Todesbescheinigung nachweisen kann.«
Der Sohn reicht ihm einen Personalausweis und einen Behindertenausweis. Ich sehe auf das Geburtsdatum. Vierundachtzig war die Frau geworden, ein würdiges Alter um zu sterben. Durch meine Arbeit in der Inneren Medizin habe ich die Erfahrung gemacht, dass auch junge Menschen von Krebs oder anderen schweren Erkrankungen dahingerafft werden können und freue mich deshalb, dass es noch Menschen gibt, die tatsächlich die durchschnittliche Lebenserwartung erreichen.
»Wer ist der Hausarzt?«, fragt Dr. Bergmüller und notiert sich den Namen, der ihm genannt wird. »Gut. Den werde ich morgen anrufen. Heute werde ich ihn nicht mehr erreichen können. Sind Ihnen Spuren des gewaltsamen Einbrechens aufgefallen? Offene Fenster oder Türen?«
Die Frau schüttelt erschrocken den Kopf. »Nein, alles normal.«
»Ist Ihnen aufgefallen, dass irgendetwas in der Wohnung fehlt.«
»Nein, warum?«
»Ich frage das, um zumindest der Möglichkeit einer nichtnatürlichen Todesursache nachzugehen. Wir konnten bei Ihrer Mutter keine Zeichen finden, die auf einen nicht-natürlichen Tod hinweisen würden«, erklärt er ruhig und lächelt ihr zu. »Es gibt Anzeichen für ein sogenanntes Lungenödem. Hatte sie eine Herzinsuffizienz?«
»Oh, das weiß ich nicht«, sagt die Frau verlegen.
Dr. Bergmüller nickt. »Letztendlich können wir außer durch eine Obduktion nicht klären, woran sie gestorben ist. Wegen des Alters, der Erkrankung und der fehlenden Hinweise auf äußere Einwirkungen werde ich eine natürliche Todesursache

bescheinigen. Und morgen telefoniere ich mal mit dem Hausarzt«.
Er setzt sich auf die Ledercouch und beginnt, die Todesbescheinigung auszufüllen. Das habe ich als Arzt in der Inneren Medizin schon häufiger gemacht, und es gibt wenige tückischere Formulare. Sie besteht aus einem Bogen mit vier Durchschlägen. Wenn man nun meint, man könnte einfach den obersten mit kräftigem Druck komplett beschriften, hat man bereits den ersten Fehler gemacht. Die unteren Formulare unterscheiden sich teilweise von dem oberen. Die Gemeinsamkeiten muss man auf allen ausfüllen, die anderen Felder getrennt. Denn einige Seiten gehören zum ‚vertraulichen' Teil und einige zum ‚nicht-vertraulichen'.
Obwohl ich als Arzt oft genug in dieser unsäglichen medizinischen Bürokratiemühle gefangen bin und nicht über das Leid des Patienten nachdenken kann, ergreift mich in diesem Moment so etwas wie Wehmut. Ehe man es sich versieht, ist ein weiteres Leben vorbei auf diesem Planeten. Das einer alten Frau – Mutter und Oma, die hier alleine gewohnt hat. Hier, in dieser aufgeräumten, biederen Wohnung. Das Leben in der Stadt geht weiter, wir vom Rettungsdienst hatten einen kurzen Auftritt im letzten Kapitel des Lebens und das war´s. Das lange Tagebuch des Lebens ist geschlossen und nicht mehr zugänglich. Und irgendwie berührt es niemanden außer die Tochter und deren Sohn.
Dr. Bergmüller steckt die Formulare gekonnt in die unterschiedlichen Briefumschläge. Für den Bestatter, für das Standesamt und für die eigenen Unterlagen. Genug Seiten sind ja vorhanden. Danach zieht er eine fertige Rechnung hervor, unterschreibt und stempelt sie. Dann überreicht er dem Enkel das Bündel der Unterlagen.
»Was müssen wir denn jetzt machen?«, fragt dieser überfordert mit den ganzen Umschlägen in seiner Hand.
»Sie rufen jetzt direkt einen Bestatter an. Der regelt alles Wei-

tere.« Er zögert kurz und sagt dann: »Ich habe übrigens im Schlafzimmer das Fenster aufgemacht. Nicht das sie sich wundern. Bei der Untersuchung ist etwas Mageninhalt ausgetreten. Das ließ sich leider nicht vermeiden.«

Die Frau nickt gefasst, aber mir scheint, dass sie diese Information nicht auch noch benötigt hätte. Wir verabschieden uns und sagen ‚Herzliches Beileid‘. Ich atme durch, als wir die Wohnung verlassen.

Verlassen des Einsatzortes 19:25
Einsatzende
Bereitschaftsstatus: 1

»Das tut mir Leid, das war jetzt ja wieder nicht besonders spannend für Sie«, sagte Dr. Bergmüller, als wir auf dem letzten Weg zur Klinik für diesen Tag waren.

»Egal. Ich lerne immer etwas. Totenscheine habe ich zwar schon häufig ausgefüllt, aber dass es dafür Cashflow gibt, wusste ich nicht.«

»Klar. Der Bestatter stellt das Geld für die Leichenschau immer in Rechnung. Wenn sich das keiner abholt, kassiert er es. So einfach ist das. Das will ich natürlich verhindern.« Er lächelte entschuldigend.

»Der Schaumpilz war schön«, sagte ich und erkannte nicht sofort das Widersprüchliche der Aussage.

Dr. Bergmüller bemerkte es auch nicht und antwortete: »Ja, solche sieht man wirklich selten.«

»Sprach ja auch gegen Gewalteinwirkung.«

»Hmmm. Naja. Eine Gewalteinwirkung kann wirklich nur der Rechtsmediziner ausschließen. Der Staatsanwalt bekommt aber einen Anfall, wenn man in einem so eindeutigen Fall eine unklare Todesursache bescheinigt. Wenn ich mir nicht sicher bin, verlange ich eine Obduktion. Da habe ich mich auch schon hin und wieder gegen einigen Widerstand durchgesetzt.«

Thomas sagte gar nichts. Vielleicht war er müde oder hatte keine Lust mehr, mit uns zu reden. Als wir an der Klinik ankamen, war es kurz nach halb acht, die Notarztschicht war vorbei. Ich hatte heute genug gesehen und wollte nach Hause. Ich bedankte mich, gab meinen Einsatzfunker ab und nahm meinen Arztkittel aus dem Aufenthaltsraum. Von dem Polytrauma in der Notaufnahme sah ich nichts. Die Türen des Schockraumes waren verschlossen, was darauf hindeutete, dass alle hinter geschlossenen Türen in voller Aktion waren. Ich schlurfte mit offenem Kittel über den Gang zu den Aufzügen, an dem Wartezimmer der Notaufnahme vorbei. Die Wartenden starrten mich anklagend an. Sie kannten die Strukturen einer Notaufnahme nicht und dachten, dass jeder Arzt, der hier vorbeiging, sie doch bitte sofort behandeln müsste, auch wenn es ein Gynäkologe war, der sich verlaufen hatte.

Und wegen des schwer verletzten Motorradfahrers, der um sein Leben rang, würden sich die Wartenden noch etwas gedulden müssen, bis sie Eintritt in die weißen Hallen erhielten. Das Wort ‚Patient' leitete sich ja eben von ‚Warten' ab. Mir wurde meine Abend-Arroganz bewusst, die sich über den Tag aus der Morgen-Fröhlichkeit entwickelt hatte. Dann betrat ich wieder einmal den Aufzug, den ich schon häufig in Situationen der Frustration mit kräftigen Tritten bearbeitet hatte. Heute war ich aber positiv gestimmt. Der von nackten Betonwänden eingeengte Flur meiner Station war menschenleer. Mit meinen Sportschuhen betrat ich fast lautlos das durch alte Möbel ramschig wirkende Arztzimmer. Ich zog mich um und packte meinen Rucksack. Dann schaute ich in mein Fach und zog einige unwichtige Infoblätter und Aufträge meines Oberarztes heraus, blätterte sie kurz durch und schob die eine Hälfte wieder herein und die andere in die ‚mexikanische Ablage', wie wir den Reißwolf nannten.

Mir war schon mal der Gedanke gekommen, alles hinzuschmeißen, um ein neues Ziel zu verfolgen. Die Arbeit auf Station ließ keinen Moment zu, in dem man sich hinsetzen und in Ruhe etwas besprechen konnte. Ständig zerrten Pflegepersonal, Patienten, der Oberarzt, der Chefarzt, die PJ'ler, Blockpraktikanten und die Kollegen an meinem Arztkittel. Ich beneidete die erfahreneren Kollegen – die Fachärzte – um ihre Möglichkeit, die Arbeit besser abzugeben und besser zu organisieren. Obwohl oder gerade weil ich am Anfang meiner Weiterbildung stand, hatte ich mir über die Zeit eine zweite Haut wachsen lassen, an der fünfzig Prozent der Anforderungen – oder besser Überforderungen – abprallten. Die restlichen fünfzig Prozent wurden mental und physisch ver- und abgearbeitet oder delegiert. Aggressionen hatte ich gelernt zu kanalisieren und in täglichen kleinen Konflikten gezielt zu verteilen. Humor half uns, den ganzen Wahnsinn zu ertragen. Ich versank in Gedanken, während mich das Flackern der Neonröhren einlullte.

Städtisches Klinikum
Mittwoch, 06:53 Uhr im Juni

Ich fühlte mich von langem und erholsamem Schlaf in der Nacht entspannt und freute mich auf einen neuen Tag in der Notaufnahme. Das Wetter war phantastisch. Es befand sich keine einzige Wolke am Himmel. Es wehte nur ein leichtes kühles Lüftchen. Ein wenig glitzernder Tau auf den wenigen Pflanzen der Großstadt. Ich ging federnden Schrittes in den Aufenthaltsraum der Notaufnahme und wurde von der sich dort eingefundenen Gruppe begrüßt. Gewohntem und Bekanntem begegnete das Personal in der Klinik meistens freundlich. Ich setzte mich zu Dr. Bergmüller, Andreas und den zwei Schwestern der Frühschicht, Sabine und Ute. Obwohl man nicht behaupten konnte, dass mir Sabine ans Herz gewachsen wäre, so fand ich sie schon nicht mehr ganz so schlimm wie am Montag. Sie war zwar extrem kratzbürstig, hatte jedoch den Laden im Griff und verlor auch in überfordernden Situationen nicht den Überblick. Ich schien für sie auch kein großer Störfaktor mehr zu sein, so dass wir uns gegenseitig in Ruhe ließen.

Thomas, unser Rettungsassistent von gestern, war heute nicht da. Stattdessen saß ein junger Mann mit Bart und Brille am Tisch. Ich stellte mich kurz vor.

»Klaus«, sagte er und nickte, um zu signalisieren, dass er nicht mehr zu sagen hatte. Ich lächelte ihm freundlich zu, um zu signalisieren, dass ich verstanden hatte.

Das Gespräch, das ich durch mein Eintreten unterbrochen hatte, kreiste – natürlich – wieder um den ‚Audi A4'.

Bald erfuhr ich jedoch, dass es neben dem neuen NEF auch noch ein zweites repetitives Thema im Aufenthaltsraum der Notaufnahme gab. Das neue Notrufsystem der Stationen. An der Wand über dem Schreibtisch hing ein großer schwarzer Lautsprecher mit einem Blitzlicht, auf der künftig von den Stationen gemeldete Alarme optisch und akustisch erscheinen sollten. Die Allgemeinchirurgie sollte als erste Station an das neue System angeschlossen werden. Das Gerücht ging um, dass in jedem Stationszimmer eine Gegensprechanlage angebracht werden sollte. Jeder, der den Aufenthaltsraum betrat, fragte als erstes: »Was ist das denn?«, und die Schwestern wurden nicht müde, mit einer Portion Häme zu erklären, dass es sich um das neue Notrufsystem handele, das jedoch noch nicht funktioniere. Und außerdem sei das ja auch ein Riesenschwachsinn, weil dann ja versehentlich mal eine Putzfrau den Notknopf betätigen könnte, was zu mehr Arbeit führen würde. Es war interessant zu sehen, dass die Schwestern eher um Mehrarbeit und um Mehrbelastung bangten, während die Ärzte, die vor den ständigen Mehrbelastungen, den unbezahlten Überstunden und dem ‚von oben fremdgesteuert sein' zum Teil schon resigniert hatten, sich über die Idee, ein solches System zu installieren, mokierten. Es war eben wieder eine von vielen ‚Innovationen', die irgendein Schreibtischtäter – weit weg vom klinischen Alltag – geplant hatte, um sich wichtig zu machen.

»Also, ich finde, das hängt da nicht so gut. Ich bin doch oft gar nicht hier im Raum. Da kriege ich das doch gar nicht mit. Was meinst du, Andreas?«, fragte Dr. Bergmüller.

»Schwachsinn«, murrte Andreas.

»Ich finde das super«, sagte ich und zog fragende Blicke auf mich. »Ich würde da so Werbebotschaften verkünden lassen. ‚ASS bei Kopfschmerzen' oder ‚Paracetamol ist aber besser' oder so.« Ich zog mit einer waagerechten Handbewegung die imaginäre Schrift nach. Wir lachten.

»Für euch Schwestern wäre doch eine Meldung super wie ‚Achtung! Simulieren Sie jetzt Arbeit! Frau Leerscheidt von der Pflegedienstleitung kommt'!«, sagte Dr. Bergmüller.

Die Schwestern kicherten. »Für euch gäb' es da auch gute Anwendungen. ‚Dr. Bergmüller, räum dein Geschirr auf!', zum Beispiel.«

Im gleichen Moment kam jemand zur Tür herein. Es war der

Anästhesist vom Vortag, der den Nachtdienst der Notaufnahme von sieben Uhr abends an bestritten hatte. Sein braunes Haar war zerzaust, seine Augen von zu wenig Schlaf verquollen, Spuren von Zahnpasta oder eingetrocknetem Speichel an seinen Mundwinkeln. Er sah wirklich schlecht aus. Mit einer Hand fuhr er sich durch sein Haar, was an dem Gesamteindruck der Frisur auch nichts mehr änderte.

»Morgen«, stöhnte er mit krächziger Stimme.

»Du hast da einen kleinen Blutspritzer«, witzelte Dr. Bergmüller.

Die gesamte OP-Kleidung war von oben bis unten mit Blut besudelt. Als hätte er es noch gar nicht bemerkt – und ich glaubte, er hatte es tatsächlich noch nicht bemerkt – sah er etwas befremdet an sich herunter, als gehörte der Rest des Körpers nicht zu ihm.

»Das Polytrauma und so ein paar andere Dinge haben mich die ganze Nacht beschäftigt. Um fünf bin ich Schlafen gegangen« , sagte er fast ungläubig. Er schien hart gekämpft zu haben.

»Was ist denn jetzt mit dem Patienten?«, fragte Dr. Bergmüller.

»Der hat multiple Rippenfrakturen, Beckenringbruch und einen Milzstielabriss. Die haben die ganze Nacht an dem rumoperiert. Wussten nicht, ob zuerst Milz oder Becken. Ist aber immerhin kreislaufstabil.«

»Gut gemacht! Habt ihr die Blutbank auch etwas beschäftigt?«

»Also, für seine OP-Klamotten ging schon mal eine Konserve drauf, würde ich sagen«, warf ich ein.

»Insgesamt waren es 22 EKs.«

»Nicht ganz 10 Liter«, kommentierte Andreas mit seiner quäkigen Stimme gelassen.

Der erschöpfte Arzt nickte. »Das geht. Aber nicht, wenn du die alle mit der Hand wechseln und mit der Maschine reinpressen musst, und die Chirurgen schreien was vom Druck und Relaxation. Der Patient ist echt um ein Haar krepiert. Die Tante in der Blutbank war superlahm. Ich glaube, ich habe sie so angeschrien, dass ich mich da noch entschuldigen muss.«

»Sie steht auf gelbe Blumen!«, sagte Dr. Bergmüller. »Möchtest du ´was frühstücken?«

»Nee, danke. Ich möchte nur nach Hause!«, sagte er und verließ den Raum mit gesenktem Blick.

Nachtdienste bedeuteten nur selten bezahlten Schlaf. Oft hatte man den ganzen Tag seit acht Uhr morgens durchgearbeitet und lag dann endlich um zwei Uhr nachts im Bett und sehnte sich nach Schlaf und Ruhe. Und dann um drei Uhr dreißig, wenn man gerade die Tiefschlafphase erreicht hatte, hörte man das gleichmäßige und so verdammt gleichgültige Piepen des Dienstfunkers. Müde, benommen und fluchend rief man die Nummer auf dem Display zurück – wie konnten sie nur so grausam sein? So schlimm es klingt, in dem Zustand begann man, mit Pfleger oder Schwester am anderen Ende des Telefons darüber zu diskutieren, ob man wirklich zu dem Patienten gehen musste, der eben gestorben war oder zu der Patientin, die auf einmal eine neu aufgetretene Lähmung aufwies. In dem Moment, da man sich anzog und völlig fertig nach mehr als achtzehn Stunden Arbeit und eineinhalb Stunden Schlaf zur Station ging, in genau diesem Moment, begann man, die Patienten zu hassen. Und nicht nur die, sondern jeden und alles. Man hasste die leeren Flure, den Pförtner und das Pflegepersonal. Man hasste das Achselzucken der Oberärzte, die zu Hause saßen und bei ihrer Familie schliefen, und man hasste das Kliniksystem, das einem das antat.

Die einzige Hoffnung für den Patienten und einen selbst war, dass man, wenn man angekommen war, wieder klar denken konnte.

Dr. Bergmüller goss sich und Klaus Kaffee ein. Ich konnte Klaus´ Alter schlecht schätzen. Er hatte junge Gesichtszüge, der Bart machte ihn jedoch älter. Ich vermutete, dass er Ende zwanzig war. Er hatte eine lange Stirn mit blondem, etwas welligem Haar. Die Nickelbrille saß auf seiner kleinen Nase, und sein Kinn war für die Stirn etwas zu klein. Seine Augen blickten etwas unsicher. Ich war gespannt auf seinen Fahrstil. Mand hatte am Montag eine besonnene und effektiv-zügige Fahrweise vorgelegt, und Thomas war am Dienstag intuitiv und emotional, jedoch immer rücksichtsvoll gefahren.

Ich wippte etwas unruhig mit meinem Stuhl.

»Auch ein Brötchen?«, fragte Dr. Bergmüller.

»Nein danke, ich habe schon gefrühstückt.«

»Dann nicht.« Er zuckte gleichgültig die Schultern und kratzte sich am Kinn. Dann hob er seine Tasse Kaffee an.

PIIIEEEP
PIIIEEEP
PIIIEEEP
»Bereitschaftsalarm«
»Bereitschaftsalarm«

Einsatz Nr. 1464
Mittwoch im Juni / Alarmzeit: 07:31
Einsatzort: Sudermannstraße
Bereitschaftsstatus: 2

»Einsatz vor Kaffee. Ganz schlecht«, sagt Dr. Bergmüller.

»Könnt ihr mal rausgehen, ihr Krachmacher?«, beschwert sich Sabine über uns und unsere Funker. Ich stehe als erster, greife nach meiner Rettungsdienstjacke und renne dann mit den anderen zum Wagen. Zehn Sekunden später starten wir.

»Sudermannstraße?«

Klaus nickt.

Dr. Bergmüller nimmt den großen Telefonhörer, der mich an Spionagefilme der sechziger Jahre erinnert. »Florian von 17-31, bitte kommen.«

»Ja, 17-31, Einsatz in der Sudermannstraße, intern-zwo, RTW 17-49 unterwegs. Bitte kommen.«

»Haben verstanden. Sind unterwegs. Ende.«

Als wir durch das Tor und über die Rampe gefahren sind, fährt Klaus geradeaus durch die Sonnenstraße.

Dr. Bergmüller sieht wieder nach vorne, nimmt sich die große Stadtplanmappe mit eingeschweißten, vergrößerten Straßenausschnitten und blättert. »Ah, hier ist die Straße. Ist da nicht so ein Computerladen in der Nähe? Ich bräuchte noch CDs«, murmelt er, weiterhin über den Stadtplan gebeugt. Klaus bremst, Dr. Bergmüller macht eine Verbeugung und schnellt durch den Rückstoß wieder hoch. Wir stehen kurz an der Kreuzung zur Zöllerstraße und rollen dann vorsichtig hinüber, um mit Vollgas Richtung Hahnenstraße zu fahren. Klaus ist ein stiller Fahrer, viel ruhiger als Thomas, so viel ist sicher. Ich hänge mit dem Kopf fast an der Scheibe, weil wir eine scharfe Rechtskurve fahren und die Fliehkräfte mich auf die linke Seite drücken. Meine Hände sind wieder schwitzig, und ich werfe insgesamt drei Handschuhe leise fluchend zu Boden, die beim Anziehen gerissen sind.

Wir fahren zügig durch eine beschauliche Wohngegend. Es reihen sich schöne Häuser mit gepflegten Vorgärten aneinander. Hier und da ist ein Mann im Anzug oder eine dezent gekleidete Frau auf dem Weg zur Garage zu erblicken. Wir halten vor einem Haus, das sich in die Reihe der anderen nahtlos eingliedert. Der RTW steht vor uns. Wir laufen zur Türe, und schon wieder ist Dr. Bergmüller trotz der kurzen Strecke längst an der Klingel, bevor ich überhaupt ausgestiegen bin. Es erinnert mich an die Geschichte von Igel und Hase, während ich den Eingang erreiche, in dem eine Frau mittleren Alters steht.

»Die sind da hinten«, sagt sie nur und deutet nach rechts. Wir laufen über einen gekachelten, gepflegten Boden durch das vornehme Wohnzimmer. Hinter einer Terassentür liegt der mit Pflanzen geschmückte Wintergarten. Zunächst sehe ich nur zwei kräftige und einen schmalen Rettungsassistenten. Einer tritt zur Seite, als er uns kommen sieht und gibt die Sicht auf einen älteren Mann frei, der am Frühstückstisch sitzt. Sein Gesicht ist schweißgebadet, seine Hand ballt sich über der Brust wie zum Schwur. Er stöhnt.

»Was haben wir denn hier?«, fragt Dr. Bergmüller.

Der schmale RA sagt knapp: »Angina pectoris. Haben ihm zwei Sprühstöße Nitro gegeben, hat nichts geholfen.«

Ich zähle im Geist die Medikamente auf, die ich verabreichen würde und die nächsten Schritte, die nun algorithmengleich passieren müssten.

Dr. Bergmüller wendet sich zum Patienten, der seine Faust öffnet und schließt, als könnte er dadurch seine Schmerzen aus der Brust reißen.

»Guten Tag, mein Name ist Dr. Bergmüller, ich bin der Notarzt.«

Der Mann atmet angestrengt, rollt wild mit den Augen, beißt die Zähne zusammen. »Ich habe solche Schmerzen«, presst er gequält hervor.

»Bitte Monitor und Sauerstoff«, sagt Dr. Bergmüller. Die Rettungsassistenten kümmern sich bereits darum. Ich ziehe eine Infusionsnadel aus meiner Jacke.

Dr. Bergmüller reicht mir einen Stauschlauch. Ich werfe einen Blick auf den etwa sechzigjährigen Patienten. Er ist übergewichtig, der Gürtel wird von der Kugel seines Bauches verdeckt. Sein grauer Haarkranz klebt schweißnass am Kopf und selbst sein Vollbart trieft.

»Ich werde Ihnen jetzt einen Zugang legen«, sage ich knapp und schiebe den Ärmel hoch, um den Stauschlauch am dicken Oberarm anzulegen. »Hatten Sie schon mal einen Herzinfarkt?«

»Nein.« Der Mann atmet schwer.

Seine Frau springt ein. »Er ist wegen Herzrhythmusstörungen bei Dr. Linde in Behandlung. Diese Medikamente nimmt er.« Sie reicht Dr. Bergmüller Isoptin und Nitrokapseln. »Heute hat er schon eine von den Kapseln genommen.«

»Und dann hat er plötzlich diese Schmerzen bekommen?«

»Ja.« Sie sieht besorgt zu ihrem Mann und schüttelt den Kopf als könne sie das alles nicht glauben.

Ich habe die Nadel schnell in einer dicken Ellenbeugenvene versenkt und hänge eine Flasche Sterofundin an. Die anderen RAs haben den Patienten mittlerweile am Monitor angeschlossen und ihm eine Sauerstoffsonde an die Nase gebunden.

»Blutdruck 130 zu 70, Frequenz 140. Sättigung 97«, schnarrt der RA, der am nächsten zum Monitor steht.

Dr. Bergmüller wirft einen längeren Blick auf den Monitor. »Die Frequenz ist schnell, aber regelmäßig. ST-Hebungen in Ableitung II und III.«

Herzinfarkt. Die größte Gefahr sind jetzt plötzlich auftretende Herzrhythmusstörungen, die rasch zum Tod führen können.

»Also, wir brauchen Beloc 5 Milligramm, eine Ampulle Valium, 10 Milligramm Morphin und 5000 Einheiten Heparin.

Dann noch eine Ampulle Aspirin.«

Die RAs ziehen in Windeseile die Ampullen in Spritzen auf. Das Hemd des Patienten ist durchnässt.

»Ich habe so eine Angst«, stöhnt er. Ich halte meine handschuhüberzogene Hand auf seinen Arm.

»Das brauchen Sie nicht«, sage ich und schlage einen beruhigenden Ton an. »Die Schmerzen werden gleich besser, wenn wir Ihnen etwas geben.«

»Ich habe so eine Angst«, wiederholt er und krampft seine Hand über seinem Herzen zusammen. »Es tut so weh.«

Der Mann, der die Statur eines Bärs hat, beugt sich mit seinem schmerzverzerrten Gesicht nach vorne.

»Raucht Ihr Mann?«, fragt Dr. Bergmüller die Frau.

»Ja, aber nicht so viel.«

Wir nicken. Der Patient ist ein wandelnder Risikofaktor für einen Herzinfarkt. Rauchen, Übergewicht und Hyperlipidämie. Ich tätschle seinen Arm, als könnten meine Gedanken ihn noch nervöser machen. Man drückt mir die Morphinspritze in die Hand.

In kleinen Portionen verabreiche ich die Hälfte der Ampulle intravenös. Dazwischen spritzt einer der RAs den Betablocker, das Heparin und Aspirin. Ich gebe den Rest des Morphins. Dieser Medikamentencocktail ist die Standardbehandlung für einen Herzinfarkt. Der Betablocker verlangsamt die Herzfrequenz und verbessert die Sauerstoffversorgung des Herzens. Heparin und Aspirin verringern das Risiko, dass sich die Herzkranzgefäße weiter verschließen, und Morphin nimmt dem Patienten die brutalen Schmerzen.

»Schon besser?«, frage ich, kann aber schon sehen, dass nichts besser ist. Der Mann krümmt sich. Ich gebe ihm etwas Valium. Sein Blick verklärt sich.

»Wir müssen jetzt schnell in ein Krankenhaus«, sagt Dr. Bergmüller zum Patienten. »Sie haben vermutlich einen Herzinfarkt. Das ist ein Zustand, den man nur in einem Krankenhaus behandeln kann.«

»Einen Herzinfarkt? Oh Gott!«, ruft die Frau besorgt.

Klaus beruhigt sie. »Den wird man im Krankenhaus behandeln können. Sie können bei mir mitfahren, Ihr Mann wird im Rettungswagen transportiert.«

»Wir kriegen den nicht mit ′ner Trage hier durch«, raunt der schmale RA zu Dr. Bergmüller.

»Ich kann doch auch gehen«, sagt der Mann und erhebt sich.

»Stopp, stopp!«, sage ich und drücke den ‚Bären' zurück in seinen Stuhl.

Zwei RAs verschwinden und kommen mit dem Transportstuhl aus dem RTW zurück. Gemeinsam hieven wir den von Valium und Morphium erschlafften Koloss auf den Stuhl. Einer schiebt den Stuhl, ein anderer ist damit beschäftigt, das Gerät und die Kabel wie eine lange Schärpe hinterher zu tragen. Dr. Bergmüller und ich sind schnell am RTW, während die RAs noch mit dem schwergewichtigen Mann in der Wohnung beschäftigt sind.

»Klassisch«, sage ich zu Dr. Bergmüller, als wir außer Hörreichweite sind, und strahle über beide Ohren. »Das war doch mal was.«

Dr. Bergmüller freut sich über meine schiere Begeisterung. »Ja, es fehlen nur die Rhythmusstörungen!«

Die RAs sind an der Hintertür des RTW angelangt. Der schwierigste Akt ist, den stöhnenden Mann auf dem gepolsterten Metallthron auf die Ladefläche des RTW zu heben. Ich bin froh, dass die beiden bulligen RAs es als zusätzliche Sportübung am Morgen betrachten und der Patient nach fünf Sekunden im RTW ist.

»Können Sie sich auf diese Liege legen?«, bittet Dr. Bergmüller den Patienten, während ich den Monitor in die Wand des RTW einrasten lasse.

Noch immer jappst er. »Ich habe so Angst. Es tut so weh!«

»Es tut immer noch weh?«, fragt Dr. Bergmüller.

Mit glasigem Blick nickt der Patient. Bei Schmerzen hat der Patient immer Recht.

»Geben Sie ihm nochmal eine Ampulle Morphin!«, sagt er mir und wendet sich dem Fahrerhaus zu.

»Sagen Sie der Leitstelle, die sollen im Klinikum nachfragen, ob der Katheterplatz frei ist!«

Ich spritze das Morphin und ergänze es mit Vomex gegen Übelkeit. Der Patient hat schon sein Frühstück hinter sich, und das wollen wir nicht auf dem Boden des RTW wiederfinden. Oder in der Luftröhre des Patienten, was noch schlimmer wäre.

»Klinikum ist frei!«, ruft der Fahrer.

»Dann gib mal Stoff!«, sagt Dr. Bergmüller.

Unter Rumpeln und Schaukeln des RTW dröhnen wir mit Sirenengeheul über die Straßen. Ich schaue durch das Rückfenster. Die Straße und die Leute draußen werden wie durch einen Sog in die Ferne gerissen. Menschen versuchen, einen Blick von dem zu erhaschen, was im Inneren des Wagens passiert. Die gefederte Trage ächzt unter dem Gewicht des Patienten, der jetzt wieder zu stöhnen beginnt. Dr. Bergmüller sagt etwas. Ich habe es nicht gehört und frage nach.

»Bei einem frischen ST-Hebungsinfarkt muss man kathetern, wenn das nächste Herzzentrum frei ist und noch nicht so viel Zeit seit Einsetzen der Symptomatik verstrichen ist.« Er senkt seine Stimme, damit uns der Patient nicht hören kann. »Bei ihm sind ja vielleicht erst zwanzig Minuten insgesamt vergangen, in zehn liegt er schon auf dem Tisch.«

Straßen und Autos ziehen an uns vorüber. Ich habe die Orientierung verloren und bin überrascht, als wir im nächsten Moment schon da sind. Die hinteren Türen werden aufgerissen und die Sonne scheint herein. Es ist noch schön frisch. Ein toller Tag. Kein schöner Tag für einen Herzinfarktpatienten, dem die Todesangst sogar in den schläfrigen Augen steht.

Wir steigen aus und schieben den Patienten direkt auf unsere Intensivstation. Die Schleusentür wird geöffnet. Das Personal trägt blaue, saubere Kittel und wieselt über die Gänge. Der Arzt, der uns empfängt, ist jung. Er macht jedoch einen routinierten Eindruck, als er zusammen mit uns und einer Schwester den Patienten auf das Bett umlagert. Der Mann klagt wieder über Schmerzen, und die Schwester holt einen Perfusor mit Morphin.

»Watt wollt ihr denn hier?«, hören wir eine laute Stimme im barschen Tonfall hinter uns und drehen uns um. Vor uns steht ein kardiologischer Oberarzt mit grauen Haaren und starkem rheinischen Akzent.

»Hallo, Herr Rentsch. Wie geht´s?«, antwortet Dr. Bergmüller höflich.

»Datt weiß isch ers, wenne mir sachs´, watte uns brings´!«

Dr. Bergmüller macht eine knappe Übergabe und überreicht das Einsatzprotokoll.

»Datt is´ en Posterolateralwandinfarkt«, stellt der Kardiologe fest, als er das EKG aus dem Gerät reißt und ruft zur Schwester. »Herzchen, legst´n ma´ auf un´ gibst´n ma´ watt zum Abkühlen!«

Wir verabschieden uns von den Ärzten und vom Patienten, der sich mit verwaschener Sprache bei uns bedankt. Für uns ist es nur ein Einsatz von vielen, für ihn ist es der Einsatz des Lebens.

Ich freue mich jetzt richtig über unsere Leistung. Ich habe die Notfallsituation erfasst, den Überblick nicht verloren und hätte genauso wie Dr. Bergmüller gehandelt. Langsam lerne ich.

Übergabe 07:55
Einsatzende
Bereitschaftsstatus: 1

Ich nahm es als gutes Omen für den Tag, dass er bereits früh mit Aktion begonnen hatte. Ich hatte die Zahl meiner lebensrettenden Notfälle um eins erhöht. Zwei relevante Einsätze innerhalb von etwas mehr als zwei Tagen. Wenn es so weiter ging, würde ich noch den ersten Schnee auf dem NEF sehen!

Im Aufenthaltsraum der Notaufnahme saß Andreas mit den Schwestern. Er hatte, wie immer, den Telefonhörer am Ohr und diskutierte über die Bettensituation in den verschiedenen Abteilungen. Er rieb sich seinen wulstigen Nacken und lehnte sich in seinem Bürostuhl zurück, so dass sich die geringelte Hörerschnur gerade zog. »Wenn auf der Intensiv kein Bett mehr frei ist, müssen die im Notfall halt einen Patienten verlegen. Ja. Ja. Bei uns. Jaja. Tschüs.«

Er drehte sich zu uns und schüttelte den Kopf. »Was hattet ihr denn für´n Einsatz?«, fragte er uns.

»Ein etwa sechzigjähriger Mann, der bei seinem Frühstücksei von einem Herzinfarkt überrascht wurde«, antwortete Dr. Bergmüller.

»Rücklings heimtückisch angefallen«, ergänzte ich ernst nickend.

»Das ist aber unschön«, quäkte Andreas laut. »Eine Überdosis Cholesterin also. Und, haben die ihn direkt hier kathetert?«

»Ja, auf rheinländisch, sozusagen.«

Andreas kratzte sich am Kopf und überlegte. »Eigentlich ist das doch alles Irrsinn. Es werden pro Jahr etwa zweihunderttausend Herzkatheter mit Ballondilatation durchgeführt. Volkswirtschaftlich ist das doch alles Quatsch, was wir hier machen«, sagte er.

»Wieso?«, fragte ich.

»Ach. Du erzählst den Leuten, sie sollen nicht rauchen. Dann tun sie es trotzdem. Kriegen Angina pectoris und ihren ersten Herzkatheter, womöglich mit Stent. Dann rauchen sie weiter, kriegen wieder Beschwerden, teure Medikamente, wieder Herzkatheter und so weiter. Und dann gibt's mal eben noch einen Bypass für zehn- oder zwanzigtausend oder wieviel auch immer. Dann vielleicht noch eine Amputation. Oder einen Schlaganfall mit jahrelanger Reha. So kostet dann ein Patient, nur weil er raucht und raucht und raucht, Hunderttausend Euro. Und wir retten die dann immer noch bei wackeligen Situationen. Das will zwar keiner hören, aber eigentlich ist es doch Schwachsinn. Ob die dann wirklich einen Überlebensvorteil haben durch unsere Einsätze, ist doch auch noch nicht so klar.«

»Du kannst doch nicht Leute aufgrund ihrer Dummheit zu rauchen, zu trinken oder zu dick zu sein, sterben lassen«, entgegnete ich.

»Nein. Aber wir blasen jede Menge Gesundheitsgelder in Dinge, von denen wir nicht einmal wissen, ob sie wirklich helfen. Vielleicht kann man sich ja sogar die Ärzte im Rettungssystem sparen.«

Dr. Bergmüller nickte beschwichtigend. »Die Frage ist, ob wir wirklich benötigt werden. In vielen Fällen, in denen es den Patienten noch recht gut geht, könnten sie auch von einem Rettungstransportwesen in ein Krankenhaus gebracht werden. Ohne Arzt. Von den Fällen, bei denen wirklich ein Arzt aufgrund seines Know-hows gebraucht wird, überlebt sowieso nur ein minimaler Prozentsatz den Notfall. In USA gibt es keine Notärzte, sondern nur Paramedics. Das sind medizinisch gut ausgebildete Rettungsassistenten. Die machen die Erstversorgung und fahren die Patienten ins Krankenhaus. Die Statistiken zeigen, dass die Überlebensrate der Patienten in USA nicht schlechter ist als in Deutschland, wo immer ein Notarzt vor Ort ist.«

»Und ich kann dir auch sagen, woran das liegt«, ereiferte

sich Andreas und sah mich dabei an. »Weil hier jeder Mikrobiologe und Pathologe Notarzt fahren darf, wenn er den Schein hat. Die haben katastrophal schlechte Statistiken. Ich möchte nicht von so einem gerettet werden, der den ganzen Tag nur Laborbefunde unterschreibt oder nur tote Menschen und ihre Gewebeproben kennenlernt.«

»Naja. Also mit gut ausgebildeten Notärzten wie uns kann die Statistik doch nur besser werden«, sagte Dr. Bergmüller.

Klaus kam in den Raum, setzte sich zu uns und unterbrach die Debatte. »Ich muss ′was beim ASB abholen«, erklärte er ruhig, »wär′ mir recht, wenn wir das jetzt machen könnten.«

Wir fuhren zum ASB. Klaus lief in das Gebäude, Dr. Bergmüller in ein Schildergeschäft, um einen Aufkleber für das NEF anfertigen zu lassen. Ich lehnte am Auto und ließ die Sonne in mein Gesicht scheinen.

»Halb zehn. Klaus, habe ich dir schon gesagt, dass ich eine Fortbildung um zehn Uhr in der Feuerwache geben muss?«

»Nein.« Klaus schüttelte den Kopf.

»Wir besprechen die Änderungen für die RTWs.«

Wir fuhren zur Feuerwache. Dr. Bergmüller meldete unserer Einsatzzentrale den neuen Standort. Die Feuerwache war in einem älteren Bunker untergebracht, der innen wie ein Verwaltungsgebäude aussah. Wir gingen durch den Flur mit Büros, bis wir in einer großen Garage ankamen, in der mehrere Löschfahrzeuge und ein RTW standen. Die Autos glänzten in einem satten, frisch polierten Rot. Eine Gruppe Feuerwehrmänner in dunkelblauen Overalls stand vor einem Löschzug, dessen Seitenfront geöffnet war und die Geräte freigab. Ein dicker Schlauch wand sich aus einem der Stauräume und mündete in eine etwa einen halben Meter breite, massive Metallzange. Die Männer betrachteten das Gerät von allen Seiten. Dr. Bergmüller trat an sie heran und begrüßte die Mannschaft. Der Leiter schüttelte ihm die Hand. In der anderen hielt er ein Mobiltelefon.

»Wir überlegen gerade, was der Aufdruck auf dem Spreizer hier heißt. KPR 10000«, erklärte er Dr. Bergmüller seine Geschäftigkeit.

»Das ist die Kraft, die der pro Quadratzentimeter aufbringen kann. Kilo-irgendwas«, sagte einer der Feuerwehrmänner im Brustton der Überzeugung.

»Newton ist doch Kraft, oder?«, warf ein anderer ein.

»Das muss Watt sein oder Kilowatt.«

»Wie schließt man das Scheißteil eigentlich an?«

»Wie sieht es mit der Fortbildung und Besprechung aus?«, unterbrach Dr. Bergmüller das Stimmengewirr.

»Ja, fang´n wir gleich an. Zehn Minuten noch.«

Der Gruppenleiter nahm das Mobiltelefon an sein Ohr. »Ja, Tach, hier Müller von der Sonderschule West. Ich bin der Lehrer von einer Schulklasse, und wir ham´ letztens eine Besichtigung bei der Feuerwache in der Stadt gemacht. Und da ham´ wir uns den Gerätepark angeguckt. Und jetzt schreiben die Schüler so´n Aufsatz, und wir woll´n wissen, was KPR 10000 auf Ihrem Spreizer heißt. Ja. Achso. Ja. Ich bleibe dran.«

Die Männer um ihn herum starrten gebannt und gelehrig auf ihn. Einige grinsten unbeholfen.

»Ja. Ja. Ah ja. KPR 10000. Achso. Hmmm. Ja, vielen Dank. Wir sind von der Sonderschule. Jaja. Tschüs.« Er drehte sich zu seinen Männern und knirschte mit den Zähnen. »Nur die Typenbezeichnung. Hat nix mit der Leistung zu tun.«

Die Feuerwehrleute starrten ihn weiter an.

»Ja, mein Gott. Hätt´ ich sagen soll´n, hier ist die Feuerwehr und so, und wir ham´ keine Ahnung?«, verteidigte er sich.

»Haben Sonderschulen und Feuerwehr irgendetwas gemeinsam?«, flüsterte ich Dr. Bergmüller zu.

Er grinste und rieb sich nachdenklich die Nase. Wir verließen die Garage und gingen zurück in das Verwaltungsgebäude. Eine Etage höher fanden wir uns in einem Seminarraum mit rustikaler Sitzecke ein. Dr. Bergmüller sortierte seine Folien, während sich die Feuerwehrmänner mit männlichem Gehabe gegenseitig laut nervten. Er legte die erste Folie auf und begann zu reden. Ich erwartete, dass es schlagartig ruhig wurde, aber gerade der älteste der Feuerwehrmänner – ich schätzte ihn auf Mitte fünfzig – unterhielt sich mit einem jüngeren Kollegen in einer Lautstärke, die es schwierig machte, Dr. Bergmüller zuzuhören. Ich konzentrierte mich auf die Folien. Der Vortrag legte die bisherige und die geplante Innenausstattung der RTWs dar. Dr. Bergmüller machte es recht kurz, ständig durch den Geräuschpegel des älteren Feuerwehrmanns gestört.

Irgendwann stellte dieser eine Frage, um danach wieder gelangweilt weiterzuquatschen. Ich war gereizt und verstand nicht, warum Dr. Bergmüller nicht der Kragen platzte. Als er mit seinem Vortrag geendet hatte, beantwortete er einige Fragen mit derselben ruhigen und gleichmütigen Art, die ihn so ruhend, fast meditativ wirken ließ. Danach war die Fortbildung glücklicherweise beendet. Wir gingen zur weiteren Planungsbesprechung wieder in die Garage und stellten uns vor den geöffneten Raum eines RTWs. Die Innenlampen leuchteten in der modrigen Halle und ließen den frisch gewaschenen Rettungstransportwagen glänzen. Ein Feuerwehrmann rekapitulierte Änderungswünsche der RAs, und Dr. Bergmüller bezog mit einem anderen Feuerwehrmann Stellung zu Realisierungsmöglichkeiten und Funktionalität. Ich gähnte. Langsam wurde mir langweilig. Ich stützte mal den einen, mal den anderen Fuß auf das Rücktrittbrett des RTW. Klaus konnte ich nicht sehen. Vielleicht saß er im NEF und war schon eingeschlafen.

PIIIEEEP
PIIIEEEP
PIIIEEEP
»Bereitschaftsalarm«
»Bereitschaftsalarm«

Einsatz Nr. 1465
Mittwoch im Juni / Alarmzeit: 11:45
Einsatzort: Pfarrstraße
Bereitschaftsstatus: 2

»Ich glaub, ich muss los«, sagt Dr. Bergmüller laut zu seinem Gesprächspartner.

»Wir reden ein andermal«, erwidert dieser.

Jetzt kann ich Klaus durch den Ton seines Funkers orten. Er stand die ganze Zeit an eine Säule gelehnt und tritt nun aus dem Schatten. Ich bin überrascht, dass es draußen nieselt. Wolken, die vor einer Stunde noch nicht zu sehen waren, bedecken den Himmel. Direkt gegenüber von der Garage erwartet uns das NEF. Eine Staubwolke bleibt hinter uns zurück, als wir die Feuerwache verlassen.

»Der beschleunigt doch gut. Ich weiß gar nicht, was Thomas hat«, sagt Klaus.

Dr. Bergmüller antwortet nicht und kramt seine Sachen zusammen. Wir fahren auf der Gegenspur, um eine Straßenbahn in einem gewagten Manöver zu überholen. Ein entgegenkommender Fahrer sieht uns erst spät und weicht im letzten Moment aus. Wir schlittern zurück auf unsere Fahrbahn. Die Scheibenwischer schwingen im Takt und befreien die Sicht von den kleinen Regentropfen. Das Martinshorn heult und kündigt lautstark unser Kommen an. Der Krach hallt in einer recht engen Straßenschlucht von Häusern, Autos und Schaufenstern in einem wilden Konzert wider. Leute mit Einkaufstüten bleiben stehen, kleine Kinder zeigen auf uns. Szenen zeitlupengleich, die entstandenen Standbilder verblassen nach einer Sekunde. Das Dröhnen der Reifen auf dem Pflaster der Straßenbahnschienen lässt die Sitze vibrieren. Klaus fährt konzentriert und schweigt. Er bremst ab, als wir eine Kreuzung erreichen, bei der die Ampel auf Rot steht. Er vergewissert sich, dass alle ankommenden Autos stehen oder abbremsen und fährt weiter. Wir biegen in einer Seitenstraße ein und erreichen unser Ziel. Der RTW ist noch nicht da, ich schnappe mir das Ampullarium und nehme zusätzlich einen der schweren Metallkoffer mit. Der feine Regen benetzt mein Gesicht. Wir klingeln an dem Mehrfamilienhaus Sturm, bis man uns aufdrückt. Dr. Bergmüller nimmt drei Stufen auf einmal, und ich versuche, mit ihm Schritt zu halten. Der schwere Koffer zerrt an meinem Arm. Nach fünf Stockwerken sind wir da. Eine Frau lässt uns eintreten. Sie sieht sehr besorgt aus. Ihre Hände zittern, als sie uns den Weg in das Wohnzimmer zeigt.

»Es geht um meine Tochter«, sagt sie unsicher.

Zwei Schritte weiter, und wir stehen im Wohnzimmer. Hell, nicht zu vollgestellt mit Möbeln, macht es einen ordentlichen Eindruck. Auf einem Sofa sitzt eine junge Frau, vielleicht zwanzig Jahre alt. Ihr Körper wirkt schlaff und in sich zusammengesunken. Ihre Augen, mit denen sie uns anstarrt, sind groß und leer. Das Gesicht, welches von blonden, dünnen Haaren umrahmt wird, ist blass und übernächtigt

Dr. Bergmüller ergreift als erster das Wort. »Was ist los?«

Ihre Mutter spricht für sie. »Sie hat mich eben auf der Arbeit angerufen. Sie hätte alle Tabletten geschluckt. Da bin ich sofort hierher gefahren und habe Sie gerufen.« Die Mutter bricht in Tränen aus. »Es ist nicht das erste Mal, dass sie es versucht.«

Dr. Bergmüller wendet sich an die junge Frau. »Welche Tabletten haben Sie genommen?«

Sie zuckt nur die Schultern und starrt uns ohne Gefühlsregung aus den geweiteten Pupillen an. Bevor Dr. Bergmüller weiter fragen kann, sehe ich direkt neben dem Sofa etwas liegen. »Ich hab´s«, sage ich leise zu ihm und hebe zwei Tablettenstreifen vom Boden auf. Die Tablettenkammern sind ausgedrückt.

Dr. Bergmüller sieht sich die Streifen an und blickt dann ernst zur Patientin. »Okay, Sie müssen mir jetzt helfen! Haben

Sie nur diese Tabletten genommen oder noch weitere?«

Zum ersten Mal scheint die junge Frau zu blinzeln und uns wahrzunehmen. Sie schüttelt langsam den Kopf.

»Claudia, jetzt rede mit dem Doktor!«, zischt es hinter mir hervor. Die Mutter hat sich jetzt anscheinend wieder gefangen und läuft zu ihrer Tochter. Sie baut sich vor ihr auf und hebt die Hand mit ausgestrecktem Zeigefinger. »Wie kannst du mir das nur antun? Bei allem, was ich für dich getan habe? Und jetzt schon wieder? Kind, sieh mich an!«

Die Tochter sieht sie nicht an, sondern starrt nur ins Leere.

Dr. Bergmüller schiebt die Mutter sanft beiseite. »Moment. Dürfte ich Sie bitten, einen Augenblick in ein anderes Zimmer zu gehen? Ich möchte Ihre Tochter untersuchen.«

Die Mutter sieht Dr. Bergmüller irritiert an. Dann nickt sie jedoch und geht raus.

Dr. Bergmüller kniet sich neben die Patientin. »Erzählen Sie mal. Sie haben also die ganzen Tabletten hier geschluckt. Haben Sie noch irgendetwas anderes gemacht?«

Sie schüttelt den Kopf. Dann keucht sie. »Keine Luft. Ich habe so einen trockenen Hals.« Sie legt ihre Hand an den Hals.

»Haben Sie irgendwelche Vorerkrankungen? Asthma?«

Sie schüttelt den Kopf und atmet beschleunigt weiter.

Dr. Bergmüller nimmt sein Blutdruckmessgerät, rollt den Ärmel ihres linken Arms hoch, um die Manschette anzulegen. Da sehen wir beide es und erstarren innerlich. Auf dem Handgelenk sind frische, rote Ritzer zu erkennen.

Dr. Bergmüller streicht behutsam mit seinen Händen über die Stelle. »Haben Sie das zuerst versucht und dann die Tabletten genommen?«

Die Patientin nickt und wirkt in diesem Moment so zerbrechlich.

Klaus legt ihr schweigend einen Verband an. Nachdem wir die Frau kurz untersucht und keine weiteren Verletzungen gefunden haben, sagt Dr. Bergmüller: »Wir fahren Sie jetzt in ein Krankenhaus.«

Die junge Frau sitzt schweigend da. Das schwere Atmen ist weg.

»Ihre Mutter kann Ihnen Ihre Sachen ja hinterher bringen.«

Die RAs vom RTW sind mittlerweile auch da und stehen vor der Wohnzimmertür. Ich habe sie nicht einmal kommen gehört.

»Gut. Wir werden Sie im Stuhl tragen!«, sagt Dr. Bergmüller Wenig später kommen wir mit der Patientin am RTW an. Ich will schon in den RTW steigen, da hält mich Dr. Bergmüller fest. »Ich möchte alleine mit der Patientin fahren, um mich mit ihr zu unterhalten.«

Ich setze mich auf den Beifahrersitz des NEF, und wir fahren schweigend dem RTW hinterher. Ohne Blaulicht und Sirene sind wir etwa fünf Minuten später im Krankenhaus. Wir warten, bis Dr. Bergmüller die Übergabe gemacht hat. Mittlerweile hat es aufgehört zu regnen. Die Wolken ziehen ebenso schnell ab, wie sie gekommen sind. Dr. Bergmüller erscheint mit großen Schritten vor dem Krankenhaus. In seiner Linken hält er seine Schreibmappe. Zum ersten Mal finde ich, dass er geknickt aussieht.

Übergabe 12:10
Einsatzende
Bereitschaftsstatus: 1

»Ich wollte mit der Patientin alleine sprechen. Das ist in so einer Situation besser. Deshalb habe ich Sie gebeten, mit Herrn Weber zu fahren«, sagte Dr. Bergmüller.

»Haben Sie denn 'was rausfinden können?«

»Ja. Sie leidet schon länger unter Depressionen. Aktueller Auslöser für ihre jetzige Episode war Prüfungsangst. Die Tabletten, die sie genommen hat, waren in der Dosierung recht unbedenklich. Es waren Valium und ein Antidepressivum. Daher auch die weiten Pupillen. Die Ärzte werden ihr aber trotzdem als erstes den Magen spülen, um die Reste rauszubekommen. Die Tabletten hat sie zwar vor über einer Stunde genommen, aber manche Medikamente hemmen die Magenentleerung, da hat man schon mal Glück.« Er seufzte. »Das arme Mädchen hat zuerst versucht, sich die Pulsadern aufzuschneiden. War ihr aber zu schmerzhaft. Man nennt diese oberflächlichen Ritzer übrigens ‚Probierschnitte'. Die meisten Menschen wissen ja zum Glück nicht, dass es extrem schwer ist, sich quer die Pulsadern aufzuschneiden. Und als das nicht geklappt hat, nahm sie die Tabletten, die sie zur Verfügung hatte. Die heutigen Antidepressiva sind auch in hohen Dosen relativ ungefährlich. Früher ist den Menschen leider häufig der Suizid mit Barbituraten gelungen, die damals als Schlaftabletten verschrieben wurden. Die gibt es aber zum Glück nicht mehr.«

»Wie häufig sind denn psychiatrische Einsätze?«, fragte ich.

»Schwierig zu sagen. Das hängt vom Einsatzgebiet ab, und ob Sie Drogenintoxikation weitläufig auch zu psychiatrisch zählen. Alles in allem nicht so häufig. Es gibt aber viele Wiederholungspatienten. Da ist zum Beispiel eine Frau, zu der wir immer wieder gerufen werden. Die hat eine paranoide Schizophrenie. Das ist jedes Mal ein großes ‚Hallo'.«

Klaus kniff die Augen schmerzhaft zusammen. »Oh ja«, murmelte er.

»Einmal hatte sie einen Selbstmord angedroht und öffnete nicht die Tür. Da wir annehmen mussten, dass sie den Selbstmord schon begonnen oder sogar vollzogen hatte...«, er schlug die Hände zusammen, »...mussten wir eben die Tür eintreten. Sie hat uns dann willkommen geheißen...«

»...mit einem Messer in der Hand«, vollendete Klaus.

»Da weiß man dann auch nicht so recht weiter, in so einem Moment. Wir haben also die Polizei gerufen...« Er verstummte abrupt ohne seine Geschichte zu beenden und sah nach links aus dem Fenster. Wir fuhren inzwischen auf einer mehrspurigen Hauptstraße. Auf der anderen Fahrbahnseite hatte sich ein Unfall mit zwei Fahrzeugen ereignet. Dahinter stand lediglich ein Polizeibus.

»Können wir da mal kurz vorbeischau´n?«, fragte Dr. Bergmüller.

Klaus wendete bei der nächsten Gelegenheit auf die Gegenrichtung. Wir hielten knapp hinter dem Polizeibus.

»Will nur mal fragen, ob Hilfe...«, begann Dr. Bergmüller und war schon draußen. Ich lief hinter ihm her. Er joggte an einem Polizisten vorbei, der in seinem Polizeibus saß und ihn fixierte. An der Unfallstelle sprach er eine Frau an, ob sie Hilfe benötige. Sie verneinte und bedankte sich höflich.

»Gut«, sagte Dr. Bergmüller fröhlich und drehte sich um. Der Polizist kam uns entgegen.

»Kann ich euch helfen?«, fragte er in aggressivem Tonfall.

»Nein danke. Wir wollten nur fragen, ob ärztliche Hilfe benötigt wird«, antwortete Dr. Bergmüller freundlich.

»Da kann man auch mich fragen. Ich hab das hier schon im Griff.«

»Oh. Daran zweifelt keiner. Tut mir Leid, wenn ich Sie übersehen habe«, verteidigte sich Dr. Bergmüller.

»Jaja, übersehen...«, gab der Polizist schnippisch zurück und ging grußlos zurück in seinen Bus. Wir stiegen in das NEF ein.

»Was für ein Arschloch!«, sagte Dr. Bergmüller und überraschte mich zum ersten Mal mit seinem Gefühlsausbruch. Klaus nickte, ohne dass er die Situation mitbekommen hatte.

Zurück in der Notaufnahme schritt ich den Gang an den Behandlungszimmern entlang, um nach Patienten Ausschau zu halten. Die Türen standen offen, so dass ich sehen konnte, dass Andreas mit einem alten Mann beschäftigt war. Im nächsten Zimmer stand Paul, der Dienst-PJ'ler des Tages bei einem etwa dreißigjährigen Patienten. Ich betrat den Raum und grüßte Paul, den ich von meiner Station kannte.

»Ja?«, fragte er nervös. Seit ich ihn kennengelernt hatte, war er selten entspannt gewesen. Immer schien er unter Strom zu stehen. Er ließ aus Versehen seinen Kugelschreiber fallen. Als er sich bückte, um ihn aufzuheben, entleerte sich seine Brusttasche mit all den Stiften, EKG-Linealen und Zetteln auf den Boden. »Oh, 'tschuldigung!«, murmelte er, während er zitternd seine Sachen aufsammelte.

»Nicht mein Problem«, antwortete ich knapp. »Kann ich mal gerade in die Akte sehen?«. Er überließ mir die von ihm angefertigte Anamnese und wandte sich wieder dem Patienten zu. Ich studierte seine gut lesbare Schrift. Er war noch nicht lange genug medizinisch tätig, um in Hieroglyphen zu schreiben. Aus seiner Aufzeichnung ging hervor, dass sich dieser Patient gestern nach einem Kenia-Urlaub mit Fieber bei seinem Hausarzt vorgestellt hatte. Der hatte direkt geschaltet und ihn notfallmäßig in die Klinik eingewiesen mit der Verdachtsdiagnose ‚Malaria'. In den Blutausstrichen waren keine Plasmodien aufgefallen. Klinisch ging es dem Patienten sehr gut, so dass als Differentialdiagnose noch ein banaler grippaler Infekt neben vielen anderen unwahrscheinlicheren Infektionskrankheiten in Betracht kam. Ich ließ Paul in Ruhe, weil er zurechtzukommen schien. Die Zeit schlich dahin, und ich war versucht, einfach auf der Couch einzuschlafen. Mal legte ich die Beine auf einen Stuhl, dann nahm ich sie wieder herunter. Mal lehnte ich mich zurück, dann beugte ich mich nach vorne. Ich sah aus dem Fenster und dann wieder auf eine Zeitschrift. Dr. Bergmüller kam kurz herein, nahm sich einen Kaffee und ging dann wieder in sein Zimmer, um zu arbeiten. Das Nichtstun wurde zäh. Irgendwann erwachte ich aus meiner Lethargie, als Schwester Ute mit Andreas den Raum betrat und ihn fragte: »Was hat er genommen?«

»Ecstasy«, antwortete Andreas fast triumphierend.

»Ohweh. Und was macht man da?«, fragte Ute.

»Tja«, sagte Andreas und grinste sie an.

Er nahm auf dem Weg seine Goldrandbrille ab und rieb sie an seinem Hemd. Im Behandlungsraum lag ein südländischer Junge. Ein Mann mittleren Alters, offensichtlich der Vater, stand in einer Zimmerecke und hielt die Hände gefaltet. Er wirkte unsicher, und die Tatsache, dass zwei große Ärzte nun den Raum betraten, schien ihn nicht ruhiger werden zu lassen. Offensichtlich war ihm der Zwischenfall äußerst peinlich. Ein drogenabhängiges Kind kommt wie eine erzieherische Bankrotterklärung für die Eltern daher. Der Junge war hager und seine kaffeefarbene Haut wirkte blass. Er hatte einen Oberlippenflaum, kaum als Bart zu bezeichnen, der ihn nicht älter wirken ließ als fünfzehn.

»So. Warum sind Sie denn jetzt hier?«, fragte Andreas.

»Ich habe Bauchschmerzen und musste oft brechen«, gab der Junge an und hielt sich, als wollte er seine Aussage unterstreichen, den Oberbauch.

»Mhmm. Und Ihr Vater hat eben bei der Aufnahme gesagt, Sie hätten Ecstasy genommen.«

Der Junge nickte. »Jaja.« Er wirkte nicht so, als wäre es etwas Besonderes für ihn.

»Seit wann nehmen Sie denn schon Ecstasy?«

»Weiß nicht. So seit ein paar Monaten oder so, vielleicht.«

»Und wie oft haben Sie es in der letzten Zeit eingenommen?«

»Die letzte Woche so. So jeden Tag, vielleicht.«

»Vielleicht oder bestimmt?«

»Weiß nicht mehr so genau. Habe lang nix mehr gegessen.«

»Aha. Haben Sie denn Gewicht verloren?«

»Weiß nicht. Ich wieg mich normal nicht.«

Der Vater nickte und sagte leise. »Er ist dünner geworden. Er hat in letzter Zeit sehr wenig gegessen, und wir wussten nicht genau, was überhaupt los ist. Bis er es uns dann heute gesagt hat. Weil er auch nicht mehr konnte.« Der Vater war zurückhaltend und drückte sich gewählt aus. Autorität ging keine von ihm aus.

Andreas wog seinen breiten Kopf und kratzte sich am Bauch. Er drehte sich zum Jungen. »Hmmm. Dann ziehen Sie mal bitte das T-Shirt aus, damit ich Sie untersuchen kann!« Er beugte sich vornüber, griff nach seinem Stethoskop und setzte es auf die schmächtige Brust des Patienten. Er horchte auf das Herz und nickte bestätigend. Dann bat er den Jungen, sich aufzusetzen, hörte beide Lungenseiten ab und zog das Stethoskop danach wieder um seinen Hals. »Das ist schon mal normal. Dann legen Sie sich jetzt wieder auf den Rücken. Wo tut es denn weh?«

Der Junge machte über seinem schlanken Bauch eine kreisende Bewegung. ‚Überall', sollte das heißen.

»Dann entspannen Sie jetzt mal den Bauch. Kopf zurücklegen. Soo. Ich drücke jetzt mal vorsichtig.« Andreas tastete sich auf dem Bauch des Jungen knapp über dem Becken nach oben in Richtung Leber. Der Junge verzog das Gesicht während der gesamten Palpation. Andreas richtete sich wieder auf. »Also, es tut überall weh?«

Der Junge nickte. Er wirkte verschreckt als traue er sich nicht mehr, irgendetwas zu sagen. Die Situation wurde ihm unheimlich.

»Dann machen wir jetzt erstmal einen Ultraschall und eine Blutabnahme.« Andreas nahm sich einen Schein für radiologische Untersuchungen aus dem Regal an der Wand und zog einen Kugelschreiber aus seinem Oberteil. Schnell füllte er das Formular aus, drückte es dem Vater in die Hand und sagte der Ute, wohin der Patient geschickt werden solle. Wahrscheinlich hatte der Junge mit seinen Freunden auf Parties Ecstasy genommen und es dann immer regelmäßiger konsumiert. Es hatte ihm Selbstvertrauen, Gruppenzugehörigkeit, Coolness und ein gutes Gefühl vorgegaukelt. Bei regelmäßigem Drogenkonsum kommt jedoch irgendwann der Crash. Wie eine Fahrt in voller Geschwindigkeit gegen eine Wand.

»Im Ultraschall ist nichts rausgekommen«, sagte Andreas zu mir wenig später. »Tja. Dann ruf ich mal den Dr. Sehberg aus der Gastroenterologie. Mal schaun, ob der ihn gastroskopieren will.«

Fünf Minuten später gingen Andreas und Dr. Sehberg samt Gastroskopieschwester und fahrendem Gerät zum Patienten und seinem Vater. Ich folgte ihnen.

»Also«, tönte Andreas laut, »im Ultraschall war nichts zu erkennen. Ich habe Herrn Dr. Sehberg aus der Gastroenterologie mitgebracht. Wir werden bei Ihnen eine Magenspiegelung vornehmen, weil die Schmerzen, die sie haben, am ehesten von einer Magenschleimhautreizung herrühren.«

Der Junge sah Andreas verängstigt an. Der Vater nickte für ihn eifrig. Er schien das Herbringen seines Sohnes als eine Unannehmlichkeit für uns zu empfinden und versuchte dieses Gefühl durch angepasstes Verhalten ausgleichen zu wollen.

Dr. Sehberg lächelte dem Jungen verständnisvoll zu. »Also«, begann er mit beruhigender Stimme, »ich erkläre das Ihnen jetzt erst einmal alles. Wir haben hier dieses Gastroskop, wie wir es nennen, das im Prinzip ein langer Schlauch mit einer eingebauten Optik ist. Damit kann ich von außen Ihre Magenschleimhaut beurteilen. Herr Jacobi hat mir schon berichtet, dass Sie Drogen genommen haben. Die führen sehr häufig zu solchen Schäden.« Als wollte er die negativen Worte ausgleichen, fügte er hinzu »...die sich aber auch wieder zurückbilden.«

Er fuhr fort, und ich hörte nicht mehr zu, weil Dr. Sehbergs Stimme wie eine Entspannungsübung wirkte. Die hätte mir aber genau in diesem Moment noch zum Einschlafen gefehlt.

Er sprühte dem Jungen ein lokales Betäubungsmittel in den Rachen und setzte ihm einen Beißkeil mit einem Loch in der Mitte zwischen die Zähne, durch den er das Gastroskop einführte. Dr. Sehberg bat ihn, kräftig zu schlucken, und während der Junge würgte und sich sein Gesicht rot färbte, schob Dr. Sehberg das Gastroskop in die Speiseröhre. Schnell war er im Magen angekommen. Er drehte an den Knöpfen seines Gerätes, das er in der Hand hielt, während er mit einem Auge durchsah und das andere zukniff. »Woll´n Sie mal sehen?«, fragte er mich.

Und schon betrachtete ich die Magenschleimhaut, die etwas gerötet zu sein schien. Dr. Sehberg tätschelte dem Jungen auf die Schulter, der sich starr an der Liege festklammerte. »Ganz toll machen Sie das«, sagte er in seinem Hypnoseton. Ich gab das Gastroskop an ihn zurück, obwohl ich gerne noch ein paar Knöpfe gedreht und gedrückt hätte. Die Gastroskopieschwester beugte sich über den Jungen und wischte ihm den Speichel vom Mund. Dr. Sehberg zog das Gastroskop langsam zurück. Beim Jungen setzte der Würgereiz ein. Seine Halsvenen traten hervor und der Kopf wurde puterrot.

»Ganz tief und ruhig ein- und ausatmen«, sagte die Schwester. Tränen traten dem Jungen in die Augen. Ich beneidete ihn nicht. Nach nur fünf Minuten glitt der Schlauch lautlos aus dem Mund. Der Junge hustete und nahm den Beißkeil aus dem Mund.

Dr. Sehberg wickelte das schleimbedeckte Gastroskop in ein großes Tuch und legte es zur Seite.

»Also«, begann er, »ich habe eine gereizte Magenschleimhaut gesehen. Das kann man mit Tabletten behandeln. Ganz wichtig ist jedoch, dass Sie keine Drogen mehr nehmen. Sonst kommt das auf jeden Fall wieder.« Er zog seine Handschuhe aus und legte eine Hand auf die Schulter des Jungen. »Alles Gute.« Er sah zum Vater und nickte ihm zu. Dann verschwand er mit Schwester und Gastroskopieausrüstung so schnell, wie er gekommen war.

»Sooo«, sagte Andreas langgezogen. »Das, was jetzt am wichtigsten ist, ist nicht Ihr Magen, sondern wie es mit Ihnen weitergeht.« Er machte eine kurze Pause. »Wollen Sie von dem Ecstasy loskommen?«, fragte er. »Es ist eine Sucht. Wollen Sie davon loskommen?«

Der Junge nickte ihm zu. Der Vater nickte auch.

»Dann werde ich jetzt mal mit unseren Psychiatern telefonieren und nach einem Therapieplatz für Sie fragen.«

Der Junge nickte jetzt nicht mehr. Dafür sein Vater um so mehr.

Zurück im Aufenthaltsraum sah ich Dr. Bergmüller, Andreas und einen korpulenten Arzt mit grauen Haaren, der stehend den Raum zwischen meinem Sofa und den Stühlen am Tisch ausfüllte. Andreas drehte sich zu mir. »Was sagst du aus internistischer Sicht. Ranitidin oder Omeprazol als Säureblocker?«

»Omeprazol«, antwortete ich »Ranitidin ist doch sehr schwach.«

»Omeprazol ist da ü-ber-haupt nicht indiziert«, polterte der voluminöse Arzt neben mir los, und ich blickte ihn an.

»Omeprazol ist da überhaupt nicht indiziert«, wiederholte er laut, als wäre ich taub. »Omeprazol hat außerdem bestimmte Risiken, die Ranitidin nicht hat...«

»...wenn man es zu schnell i.v. gibt«, ergänzte ich. Mein Kommentar schien ihm wenig Freude zu bereiten.

»Nicht nur da«, schmetterte er.

Dr. Bergmüller stand schräg hinter ihm und sah mich besorgt

an.

»Es ist ein starkes Medikament, das die Magensäureproduktion vollkommen lahmlegt und deshalb...«

Ich überlegte kurz, ob ich ihn mit neuen Studienergebnissen konfrontieren sollte, entschied mich dann aber dagegen und stellte auf akustischen Durchzug. Ich nickte. Jaja. Irgendwann beendete der Arzt seinen Gastvortrag, und ich überlegte, wer ihn wohl bei der ganzen Aufregung im Falle von Herzrhythmusstörungen auffangen und reanimieren sollte. Er beruhigte sich schnell, tauschte sich mit Dr. Bergmüller kurz über die Notaufnahme aus und verschwand.

»Wer war das denn?«, fragte ich Dr. Bergmüller und Andreas.

»Das war unser Oberarzt Reinhold.«

»Netter Typ«, sagte ich und wippte auf meinem Stuhl hin und her, auf den ich mich in der Zwischenzeit gesetzt hatte.

Andreas wandte sich wieder dem Telefon zu und rief die Psychiatrie an. Wie ich dem Gespräch mit einem Ohr entnehmen konnte, würde die Abteilung den Jungen nicht aufnehmen können. Andreas' eifrigem Kritzeln und Wiedergeben von Rufnummern konnte ich jedoch entnehmen, dass ihm externe Kliniken empfohlen wurden.

Ich sah aus den kleinen Fenstern des Aufenthaltsraums. Die kleinen Regenwolken vom Vormittag hatten sich verzogen, und es war wieder sonnig. Ich fragte mich, wie es wohl wäre, im Winter als Notarzt zu arbeiten und bei minus zehn Grad auf einer unübersichtlichen Autobahn einem Verkehrsopfer den Tubus in den Hals zu stecken. Hatte man dann unter den Latexhandschuhe noch wärmende Handschuhe oder fror man einfach so vor sich hin? Ich wusste nicht, wie lange ich in Gedanken vor mich hin gestarrt hatte, als Andreas den Hörer auflegte und mir als einzigem im Zimmer verkündete, er hätte jetzt einen Therapieplatz für den Jungen gefunden, irgendwo bei Bonn. Ich hätte um ein Haar gefragt, welchen Jungen er denn meinte, so gedankenversunken war ich. Ich murmelte etwas zur Bestätigung.

PIIIEEEP
PIIIEEEP
PIIIEEEP
»Bereitschaftsalarm«
»Bereitschaftsalarm«

Einsatz Nr. 1466
Mittwoch im Juni / Alarmzeit: 17:28
Einsatzort: Wiener Straße
Bereitschaftsstatus: 2

Aus dem Funkgerät krächzt verzerrt die Stimme eines älteren Rauchers »17-31, Einsatzort ist Wiener Straße, leblose Person vorgefunden.«

Klaus tritt auf das Gaspedal, als wir den Fußgängerüberweg gekreuzt haben und rast über die Sonnenstraße. Nur vier Minuten später sind wir am Einsatzort.

Wir rennen über die Straße. Normales Mehrfamilienhaus. Wir klingeln, der Summer ertönt. Dr. Bergmüller drückt die Tür auf, wir rennen hinauf. Eine Tür im was-weiß-ich-wievielten Stock steht offen. Ein RA vom RTW weist uns den Weg nach rechts in ein helles Zimmer, in dem am Kopfende ein Bett steht.

Darin liegt ein alter Mann. Er ist tot. Sein Mund steht offen, die Farbe ist aus seinem Gesicht gewichen.

»Er ist vorhin gestorben. Finales Tumorleiden«, sagt der RA. »Das ist die Frau des Verstorbenen und das ist eine Krankenschwester, die den Patienten betreut hat.«

Dr. Bergmüller nickt. Er geht zum Toten, der auf einem hohen Bett mit Gestänge liegt, das vor dem Herausfallen schützen soll und durch die Höhe die Pflege erleichtert. Daneben steht ein Infusionsständer an dem eine Flasche hängt. Der Schlauch baumelt am Ständer, er ist vom Patienten abgestöpselt. Der Mann hat weißes, schütteres Haar, wächserne Haut und viele Falten im Gesicht.

Es ist schwer, das Alter eines Toten zu schätzen. Ich tippe auf knapp siebzig. Dr. Bergmüller beugt sich kurz über die Leiche, fühlt die Arteria carotis, zieht die Augenlider hoch und wirft einen Blick auf die Pupillen. Die Krankenschwester reicht ihm eine zerfledderte Mappe mit knittrigen Seiten. Es sind Arztbriefe, Kopien von Befunden und Versicherungsschreiben. Die Frau des Verstorbenen stellt sich zu Dr. Bergmüller und blickt stumm auf ihren Mann. Sie wirkt gefasst. Das Amulett, das sie um den Hals trägt, hebt und senkt sich langsam auf ihrer Brust, während sie atmet.

»Er hatte seit einem Jahr einen Hirntumor. Er wurde bestrahlt und hat eine Chemotherapie bekommen.«

Dr. Bergmüller reicht mir die Mappe. »Können Sie mal bitte nachsehen?«, bittet er mich.

»Wahrscheinlich ein Glioblastom«, sage ich und überfliege die Seiten. Die Diagnose, die ein Arzt auf eine Seite gekritzelt hat, wirkt wie ein Todesurteil. ‚Glioblastoma multiforme.' Einer der aggressivsten Tumoren überhaupt. Die Patienten merken längere Zeit nichts, bis sie Ausfallserscheinungen bekommen. Sie können auf einmal nicht mehr gehen, sehen, rechnen oder sprechen. Der Tumor muss neurochirurgisch herausgeschnitten werden. Leider bleiben meistens Tumorzellen im Gehirn zurück, so dass der Krebs wieder wachsen kann und die Patienten nach vier bis zwölf Monaten daran sterben.

»Fünfundsechzigjähriger Patient, Diagnose Glioblastom. Initial operiert, danach adjuvante Bestrahlung und Chemotherapie. Halbes Jahr später Rezidiv und palliatives Konzept«, sage ich leise.

Er nickt. »Ihr Mann war schwer erkrankt«, sagt er zur Frau.

»Ja. Es war uns schon..., also, wir wussten schon, dass er nicht mehr länger...« Jetzt strauchelt sie. Ihre Stimme versagt. Das Amulett hebt und senkt sich schneller. Ihre Unterlippe vibriert, und kleine Grübchen des Kummers graben sich in ihr Kinn. Dr. Bergmüller sieht sie nachdenklich an.

»Könnten wir Sie einen Moment nach draußen bitten? Wir müssen Ihren Mann ein letztes Mal untersuchen.«

Sie nickt und verlässt, begleitet von der Krankenschwester, den Raum. Die RAs folgen. Als sie die Tür hinter sich geschlossen haben, und Dr. Bergmüller und ich alleine mit der Leiche sind, fragt er: »Warum hat uns die Krankenschwester überhaupt gerufen?«

»Weil heute Mittwoch ist, da hat der Hausarzt zu.«

»Da hätte sie auch den hausärztlichen Notdienst rufen können.«

»Sie haben Recht. Tote habe ich für meinen Geschmack auch schon genug untersucht.«

Er zuckt die Schultern. »Hilft nix. Dann wollen wir mal.«

Wir entkleiden den Toten, der sehr kachektisch aussieht. Aus der Nähe wirkt das Gesicht eingefallen. Die Haut fühlt sich noch sehr warm an

»Scheint Temperatur gehabt zu haben. Vielleicht eine Sepsis oder Pneumonie«, vermute ich.

Wir machen ein schnelles, gründliches Programm. Testen Schädel, Thorax und Becken auf Instabilitäten. Negativ. Prüfen auf offensichtliche Verletzungen oder Traumata. Negativ. Lediglich zerstochene Arme weisen auf häufige Infusionen hin und blaue Flecken am Bauch auf verabreichte Antithrombosespritzen. Wir wenden die Leiche und entdecken erste, wegdrückbare Totenflecken als sichere Todeszeichen. Wir drehen sie zurück auf den Rücken. Ein Blasenkatheter steckt im Penis und enthält noch Urin, der durch die Bewegung aus dem Katheterbeutel zurückgelaufen ist. Wir sind fertig und decken die Leiche zu. Dr. Bergmüller faltet die Hände des Toten über dem Laken wie in einem Film, und wir lächeln uns kurz an. Ich ziehe die etwas nach oben geschobenen Augenlider nach unten, damit die Augen geschlossen sind, die schon wie stumpfe Glasmurmeln wirken.

Wir begeben uns in den Wohnraum. Eine jüngere Frau sitzt neben der Gattin des Toten und hat den Arm um sie gelegt. Ich nehme an, dass es ihre Tochter ist.

Dr. Bergmüller reibt sich über die Wange und beginnt: »Wir haben Ihren Mann untersucht. Anhand der Untersuchung und der ganzen Befunde und Berichte, die Sie uns gegeben haben, können wir eine natürliche Todesursache bescheinigen.« Er macht eine kurze Pause. »Als nächstes müssen Sie den Bestatter anrufen. Dort können Sie sich rund um die Uhr melden. Von mir bekommen Sie dafür gleich die nötigen Papiere.«

Die Frau nickt. »Danke«, sagt sie leise.

Dr. Bergmüller setzt sich auf einen der freien Stühle, nimmt sich seine Schreibunterlage und beginnt, die Todesbescheinigung auszufüllen. Ich sehe mich im Zimmer um, während er mit den Durchschlägen kämpft. Es gibt zwei Fenster, durch die das Licht des späten Nachmittags einfällt, von den weißen Spitzengardinen gefiltert und von den dunkel lasierten Holzmöbeln aufgesogen wird. Auf einem Schrank stehen Fotos von unbeschwert anmutenden Tagen. Eines zeigt einen älteren grauhaarigen Herrn, der jeweils links und rechts eine Frau im Arm hält. Es ist der Verstorbene mit Frau und Tochter. Den Hintergrund des Fotos füllt eine alte Stadtmauer aus, die sich einen Abhang hinab windet. Die gebräunte Haut der drei auf dem Foto verrät einen Sommerurlaub im Süden. Das Gesicht des Mannes strahlt so etwas wie Stolz und Zufriedenheit aus. Seine Frau blinzelt in die Kamera, und seine Tochter hält sich mit einer Hand den gebräunten Oberarm. Nun sitzt die Ehefrau hier in einer Wohnung mitten in der Stadt und ihr Mann ist tot. Vorbei die Möglichkeit, mit ihm gemeinsam Urlaub zu machen.

Ich höre, wie die Frau leise sagt: »Es ist besser so für ihn.« Sie wischt sich mit dem Handrücken über die Unterlider, um die Tränen aufzufangen. Dr. Bergmüller kritzelt schweigsam auf den unteren vier Formularen. Endlich hat er alles unterschrieben und gestempelt, gibt der Frau den ganzen Stapel.

»Herzliches Beileid«, sagt er und verabschiedet sich. Die Frau nickt. Das Amulett ist zur Ruhe gekommen.

Verlassen des Einsatzortes 17:50
Einsatzende
Bereitschaftsstatus: 1

»Mit letzter Sicherheit kann man natürlich nicht sagen, ob das Fieber nun von einer zentralen Hyperthermie oder einer Infektion kam«, sagte Dr. Bergmüller. »Bei weit fortgeschrittenen Tumoren ist das ja gar nicht selten, dass die Temperaturregulation im Gehirn nicht mehr funktioniert.«

Ich hatte an eine Infektion gedacht. Vielleicht hatte der Patient sich durch Bettlägerigkeit oder durch Kortison, das ihm gegen Hirndruck gegeben worden war, eine Lungenentzündung eingefangen. Das könnte nur eine Obduktion mit der Suche nach Erregern und Entzündungsherden klären. In diesem Fall war eine Obduktion jedoch nicht notwendig. Grund des Todes war – zumindest indirekt – der Hirntumor.

Die Akzeptanz der Bevölkerung gegenüber Obduktionen war ohnehin niedrig und die Bemühungen der Ärzte, eine Sektion zu verlangen, relativ gering. Die meisten Angehörigen lehnten einen solchen Eingriff bei den Verstorbenen ab, und ich musste mir eingestehen, dass mir die Vorstellung, Verwandte und Freunde zerlegen zu lassen, auch nicht angenehm vorkam.

»Und? Habt ihr Leben gerettet?«, fragte uns Schwester Ute und biss in ein Brot.

»Nee. Der Patient wollte sich nicht mehr retten lassen. War schon tot«, sagte Dr. Bergmüller.

»Woran ist er denn gestorben?«

»Hirntumor.«

»Aber gut, dass ich als Internist dabei war«, sagte ich zu Dr. Bergmüller.

Er lachte. »Ja, wirklich ein großes Glück!«

»Wieso das denn?«, fragte Ute, die von ihrem Brot aufschrak. »Ich dachte, der wär' schon tot gewesen!«

»Stimmt«, sagte ich leicht verlegen. »Das war nur´n dummer Witz.«

Dr. Bergmüller schüttelte den Kopf. »Das kann unsere Schwester Ute nicht gleichzeitig. Essen und Witze verstehen.« Er grinste über beide Ohren.

»Werd´ nicht frech!«, rief sie und hielt ihr Brötchenmesser in die Luft, als wollte sie es nach ihm werfen. Dann funkelte sie auch mich an.

»Ich habe überhaupt nichts gesagt. Und darüber gelacht habe ich auch nicht«, wehrte ich ab und riss dabei meine Arme hoch. »Ich fand es überhaupt nicht lustig und außerdem sexistisch!«

»Ihr steckt doch alle unter einer Decke«, schimpfte sie.

»Anästhesisten und Internisten? Niemals«, sagte Dr. Bergmüller.

»Benehmt euch, sonst gibt´s Ärger!«, drohte sie lächelnd.

Ich nahm sie ernster als sie sich vorstellten konnte. Krankenschwestern musste man ernst nehmen. Sie konnten einem den Arbeitstag versüßen oder ihn zur Hölle machen.

Städtisches Klinikum
Donnerstag, 06:58 Uhr im Juni

Schwester Sabine lief schon früh am Morgen eilig in ein Behandlungszimmer, während ich an ihr langsam vorbeischlurfte und mich in den Aufenthaltsraum schob. »Morgen!«, grüßte ich Andreas und einen neuen Rettungsassistenten. Er war Mitte oder Ende dreißig, hatte schwarzes Haar mit akkuratem Bürstenschnitt und dunkle Augen. Sein ebenfalls bürstenformig geschnittener Oberlippenbart ließ ihn älter wirken. Sein Gesicht war breit und der Körperbau kräftig.

Er nickte, als er mich sah. Andreas drehte sich auf seinem Bürostuhl, auf dem er festgewachsen zu sein schien und quäkte: »Ach, du bist´s!«, als wäre er von meiner Anwesenheit überrascht worden. Dann drehte er sich wieder zurück, um seiner Arbeit nachzugehen. Ich stellte mich dem RA vor.

»Jan«, antwortete er knapp. Ich nickte. Er schien kurz zu überlegen. »Biste Anästhesist?«, fragte er dann.

»Nee, Internist.«

»Aha«, sagte Jan. »Naja, besser als´n Chirurg.«

Dr. Bergmüller betrat den Raum. »Was höre ich da über Chirurgen? Doch hoffentlich nichts Gutes?« Er lachte und begrüßte mich freundlich.

»Ich hab´ schon gehört, die letzten Tage war hier nich´ soviel los«, sagte Jan.

»Stimmt.«

»Wenn ich heute den ganzen Tach wieder nur auf´m Arsch sitze, gehe ich in spätestens drei Stunden nach Hause!«

Dr. Bergmüller drehte sich zu mir und sagte »Besser es ist nichts los, sonst müssen wir mit Herrn Schulz Auto fahren. Er kann´s nämlich nicht so gut.«

Ich reagierte nicht, um Jan nicht zu beleidigen.

»Pass mal lieber auf, was du alles nicht so gut kannst! Ich kann ja mal aufzählen.«

»Lieber nicht. Willst du vielleicht noch ein Brötchen?«

Jan grummelte und griff zu.

Schwester Sabine kam herein und schloss die Tür hinter sich. »Manche Patienten sind ja wohl total durchgeknallt!«

Dr. Bergmüller, Jan und ich sahen sie fragend an.

»Hat seit drei Wochen Bauchschmerzen und kommt heute früh um fünf Uhr vorbei. Sagt, jetzt würde ihm ganz gut passen, da wär´ er sowieso wach, und tagsüber würde er beim Arzt in ´ner Praxis sonst so lange warten.

»Und, was hast du mit ihm gemacht?«

»Ihn erstmal warten lassen!«

»Wir sollten ihn erst einmal ordentlich abführen! Er muss ja schließlich auch etwas geboten kriegen für sein Geld«, sagte Dr. Bergmüller.

Ich lächelte. Wir alle kannten diese Art von Patienten, für die man nachts geweckt wurde, und die die Vorstellung hatten, es müsste jede Minute des Tages ein Arzt für sie bereit stehen, um ihnen die Hand zu halten.

»Wenn er schon mal in der Klinik ist, sollte er auch direkt noch eine Koloskopie erhalten«, ergänzte ich.

»Mit fünf Zentimeter großem Objektiv«, murmelte Andreas, ohne von seinem Bogen aufzusehen.

Ich machte eine ernste Miene und sagte: »Jetzt aber mal Spaß beiseite, es geht hier ja schließlich um kranke Menschen!«

Eine Sekunde lang starrten mich die anderen fragend an, bis wir gemeinsam loslachten.

»Was hat der Patient denn?«, fragte Dr. Bergmüller.

»Nix«, sagte Andreas. »Blähungen oder so.«

»Die habe ich auch, meistens so gegen sieben Uhr morgens«, sagte ich. Die anderen lachten. Schwester Sabine sah auf ihre Uhr und verzog das Gesicht. »Das ist doch jetzt!«, rief sie verwundert.

»Ach?«, fragte ich überrascht. »Na, da geht´s wohl gleich los.«

»Ihr seid ja albern«, sagte sie und goss sich Kaffee ein.

Ich stand auf, holte meinen Feuerwehrfunk aus dem Nachbarzimmer und steckte ihn an den Gürtel. Auf dem Weg zum Aufenthaltsraum hielt mich Dr. Bergmüller auf. »Ich habe da noch ´was für Sie!«, sagte er und verschwand in seinem Zimmer. Dann kam er mit einer neuen, roten Jacke zurück. »Sehen Sie«, rief er und drehte die Jacke, »damit sie nicht so eine gammelige Jacke tragen müssen.«

»Danke«, sagte ich. »Sieht viel besser aus!«

Ich streifte sie mir über. Ich war zwar das Rettungsdienst-Mitglied mit der geringsten Ahnung, dafür aber jetzt das mit der neuesten Jacke. Sie passte gut, aber ich fühlte die Verantwortung, die sie mit sich brachte, auf meinen Schultern lasten. Ich ging in das Dienstarztzimmer des Aufnahmearztes, das im Gang der Notaufnahme lag. Die Putzfrauen hatten das Zimmer bereits gereinigt. Ich setzte mich an den Tisch mit Blick nach draußen. Das Wetter sah wieder sehr gut aus. Die Sonne schien, und ich freute mich auf einen warmen Tag. Ich legte meine Füße auf den Tisch und begann zu lesen. Ich war in ein Buch versunken, als...

PIIIEEEP
PIIIEEEP
PIIIEEEP
»Bereitschaftsalarm«
»Bereitschaftsalarm«

Einsatz Nr. 1467
Donnerstag im Juni / Alarmzeit: 09:52
Einsatzort: Beethovenstraße
Bereitschaftsstatus: 2

»Ich tue heute mal gar nichts«, verkündet Dr. Bergmüller und wartet an der Beifahrertür.

»Und wo ist da der Unterschied zu sonst?«, fragt Jan und öffnet das Auto, in das wir schnell einsteigen. »Sehen wir mal, was die Scheißkiste kann!«

Er gibt Vollgas, obwohl wir noch in der Garage sind. Am Fußgängerüberweg macht er eine Vollbremsung. Dr. Bergmüller hat bei den Turbulenzen Schwierigkeiten, Sirene und Blaulicht einzuschalten. Jetzt nimmt er den Hörer und spricht mit der Zentrale. Ich verstehe nichts außer ‚Beethovenstraße'. Jan tritt auf das Gaspedal und rast in einem wahnsinnigen Tempo über die Zöllerstraße in Richtung Südring. Die Ampel steht auf Rot. Jan schießt auf die Kreuzung zu. Er muss der beste Höllenfahrer sein oder ein verrückter Selbstmörder. Der Motor heult, als wolle er sich über die Anstrengung beklagen.

»Kommt ja nicht aus dem Quark. Scheißkarre«, ruft er kaum hörbar. Autos kommen von links. Er schert zwischen zweien ein und ruft: »Machst du wohl Platz, du Penner?« Er nimmt die rechte Hand vom Steuer und winkt abfällig ab. »Haste den gesehen?«

Dr. Bergmüller holt seine Schreibunterlage hervor und ist nicht im Geringsten irritiert. »Wir fahren zu einem Verkehrsunfall. Wäre schön, wenn du nicht auch noch einen baust.«

Ich beuge mich vor, um aus dem Fenster zu sehen, werde aber direkt wieder durch die Beschleunigung in den Sitz gepresst. An der nächsten Kreuzung macht Jan eine Vollbremsung. Die Autos bleiben links und rechts stehen, einige versuchen noch, über die Kreuzung zu fahren, während wir mit

Blaulicht und Martinshorn stehen.

»Seid ihr eigentlich alle total bescheuert geworden, ihr scheiß Bekloppten?«, schreit Jan und gibt Vollgas. Er fährt auf einen die Fahrbahn langsam querenden Mercedes zu. Dann reißt er das Steuer herum, und wir machen einen wilden Bogen um das Auto. Sekunden später sind wir an der Kreuzung zur Beethovenstraße. Wir fahren problemlos über die zweispurige Gegenfahrbahn, während Dr. Bergmüller und ich nach den Handschuhen greifen.

Auf dem Mittelstreifen der Beethovenstraße stehen bereits ein RTW und ein Feuerwehrwagen. Ich versuche, etwas vom Unfallort zu erkennen, wo viele Leute herumlaufen. Sie tummeln sich um eine Haltestelle, an der eine Straßenbahn in trügerischer Ruhe steht. Ich beiße die Zähne zusammen und bereite mich in Millisekunden auf das Schlimmste vor – auf abgetrennte Gliedmaßen, komplizierte Frakturen und viel Blut. Jeder kann sich leicht vorstellen, was eine tonnenschwere Straßenbahn in voller Beschleunigung, die durch ihre Schienen auf unabänderlichen Kurs gehalten wird, mit dem zarten, wasserhaltigen Gefüge von Zellen anstellt, das unseren Körper bildet. Die dünnen Stahlräder, die genau in die Schienen passen und auf denen das gesamte Gewicht lastet, können Metall mühelos zermalmen. Menschliche Knochen zerbrechen unter der Last der Straßenbahn wie Strohhalme.

Ich steige aus unserem NEF und sehe alles zeitlupenartig. Ich laufe auf die Straßenbahn zu, die jetzt ungefähr fünfzehn Meter von mir entfernt steht. Die Scheibe ist auf der Fahrerseite knapp oberhalb der Karosserie in der Größe eines Fußballs eingedrückt. Sie ist geborsten, aber nicht zersplittert. Ein spinnennetzartiges Muster durchzieht das Glas. Es muss ein Stein aufgewirbelt worden sein, der die Scheibe beschädigt hat. Irgendwie passt das nicht zusammen. Ich laufe. Nirgendwo Verletzte. Jetzt erreiche ich die Front der Straßenbahn, die vor mir aufragt. Die Bahn war vermutlich gerade angefahren, als irgendetwas passiert ist. Wurde ein Stein aufgewirbelt? Mein Blick schweift ziellos umher, bis er ein Paar roter Beine unter der Straßenbahn erfasst. Es sind die von Dr. Bergmüller. Ich werfe mich rechts neben der Straßenbahn auf das Gras und fange meinen Sturz mit der Hand auf einer Eisenbahnschwelle ab. Ein jäher Schmerz durchzuckt meine Daumenspitze. Ohne hinzusehen weiß ich, dass sich ein Splitter in den Finger gebohrt hat. Die Anspannung lässt mich den Schmerz nicht länger spüren. Ich schaue unter das monströse Metall der Straßenbahn. Dr. Bergmüller liegt bäuchlings und spricht. Vor ihm liegt, auf dem Rücken und mit dem Kopf in Fahrtrichtung, eine alte Frau. Ihre Arme liegen dicht an ihrem Körper. Das Blut läuft ihr über Stirn und Augen. Ihr weißes Haar hat stellenweise das klebrige Rot aufgenommen.

»Wir holen Sie da jetzt raus«, sagt Dr. Bergmüller zu ihr, und er hat den gleichen ruhigen Ton, den er überall anschlägt.

Die alte Frau stammelt etwas.

Er kriecht rückwärts unter der Bahn wieder hervor, während ich die Handtasche und einen weißen Stock, der neben ihr liegt, aufsammle. Mein Blick streift die Frontscheibe der Straßenbahn mit der fußballgroßen Impression in Kopfhöhe. Ich starre ungläubig auf den weißen Stock. Es war kein Stein! Es war das Gesicht der alten Frau, das die dicke Scheibe der Straßenbahn eingedrückt hat.

»Die Patientin ist blind. Ich habe ihren Stock gefunden«, rufe ich Dr. Bergmüller zu. Ich überlege schnell, wie man die Patientin retten kann. »Soll die Straßenbahn ein Stück zurückgerollt werden?«, frage ich.

»Nein. Ich brauche eine Schaufeltrage. Besorgen Sie eine, ich bleibe bei ihr.«

Ich renne zum RTW. »Wir brauchen eine Schaufeltrage«, rufe ich einem RA zu.

Er starrt auf meine linke Hand, als ich vor ihm stehe, zögert jedoch nicht lange und kommt mit einer Trage zurück. Mein

Daumen blutet unter dem Handschuh. Dem Schmerz nach zu urteilen, steckt der Splitter noch fest. Ich laufe zu einer Polizistin, die am Rand des Geschehens steht. »Ich habe hier die Handtasche der Verletzten. Wollen Sie die Personalien aufnehmen?«

»Nein. Nehmen Sie alles mit ins Krankenhaus. Wir kommen dort vorbei.«

An der Haltestelle steht ein Arzt in weißem Kittel und sieht zu. Ich gehe zu ihm und frage ihn: »Haben Sie gesehen, was passiert ist?«

Er starrt paralysiert auf die Straßenbahn. Dann antwortet er. »Nein. Ich bin hierher gerufen worden, weil irgendwelche Passanten nebenan im Krankenhaus nach einem Arzt gerufen haben. Da waren Sie aber schon da.«

Die alte Frau wird behutsam mit der Schaufeltrage unter der Straßenbahn hervorgezogen. Ich staune über die einfache Rettung und bewundere Dr. Bergmüllers Erfahrung. Auf dem Weg zum RTW fragt er einen der herumstehenden RAs: »Was ist mit dem Straßenbahnfahrer?«

»Hat ′nen Schock. Alles andere normal. Ist auf dem Weg ins Marienkrankenhaus.«

Sekunden später ist die Patientin im RTW. Ich lege den Blindenstock und die Handtasche auf die Ablage und helfe, die Schaufeltrage unter der Patientin zu lösen.

Sie stöhnt vor Schmerz und fasst sich an den Brustkorb. »Das tut so weh«, krächzt sie mühsam.

Ich bin froh, dass sie sich überhaupt noch äußern kann und hoffe, dass sie keinen Hirnschaden erlitten hat. Ihr weißes, dauergewelltes Haar klebt durch das Blut am Kopf. An der Stirn zeichnet sich eine Platzwunde ab, aus der nur noch wenig Blut läuft, das sich wie ein roter Faden am Ohr vorbei zieht. Ich lege ihr eine Infusionsnadel in die Ellenbeuge und schließe Flüssigkeit an.

»Blutzucker ist 130.«

Einer der RAs schaltet den Monitor an. »100 zu 40, Puls 60.«

»Brauche Fentanyl und Hypno. Alles bereitstellen zur Intubation«, bittet Dr. Bergmüller. Dann wendet er sich zur Patientin. »Wo tut es Ihnen weh?«, fragt er.

Die Patientin keucht und antwortet: »Hier.« Mit zittriger Hand deutet sie auf die linke Seite des Brustkorbs ohne ihre blinden Augen zu öffnen. Sie sieht aus wie Mitte siebzig, wobei es mir bei den Verletzungen und dem blutverschmierten Gesicht schwerfällt, das Alter zu schätzen.

Sie bewegt etwas den Kopf und stöhnt: »Was habt ihr nur mit mir gemacht?« Sie stöhnt ein zweites Mal verzweifelt und wiederholt ihre Frage.

Dr. Bergmüller sieht mich entsetzt an, während er ihr antwortet. »Sie hatten einen schweren Unfall! Ich werde Ihnen jetzt etwas zu schlafen und gegen die Schmerzen geben.«

Sie sagt nichts mehr. Während er ruhig auf sie einredet, spritzt er langsam die Narkosemedikation. Ein RA steht mit dem Intubationsbesteck bereit. Als die Patientin ruhiger wird und Dr. Bergmüller die Tiefe der Narkose durch einfaches Streichen der Wimpern mit den Fingern geprüft hat, führt er an ihrem Kopfende stehend einen Tubus durch die Nase ein und drückt den Kehlkopf herab. Das Atemgeräusch hört sich wie durch einen Schnorchel an, als der Tubus in der Luftröhre zu liegen kommt. Der Brustkorb der Patientin dehnt sich aus, als sie jetzt in Narkose ein letztes Mal tief einatmet. Der Tubus, der aus ihrer Nase ragt, zeigt in meine Richtung. Dr. Bergmüller schwenkt ihn zur Wand des RTW. Im gleichen Moment hustet die Patientin und scheint ihre letzten Kräfte zu mobilisieren. Ein Brocken aus Schleim und Blut schießt aus dem Tubusende wie aus einem Gewehrlauf und klatscht gegen die Wand des RTW, um dort in einer Schliere nach unten zu laufen. Dr. Bergmüller und ich sehen uns an.

»Vielen Dank«, stammle ich. »Das hätte sich auf meiner neuen Jacke nicht so gut gemacht.«

»Keine Sorge, wäre in ihrem Gesicht gelandet!« Er schließt den Tubus an den Respirator an und stellt den Regler auf einhundert Prozent Sauerstoff und zwölf Atemzüge pro Minute. Dann nimmt er ein Stethoskop und hört beide Lungenseiten ab. »Hört sich nicht nach Pneu an, beide Lungen sind gleichmäßig belüftet. Wir fahren in unser Klinikum. Melden Sie eine polytraumatisierte Patientin, intubiert, beatmet!«

Ich entleere den Inhalt der Handtasche der alten Frau auf die Medikamentenablage. Es finden sich einige Kohletabletten, aber keine relevanten Medikamente. Im Portemonnaie finde ich einen Behindertenausweis.

»Die Patientin heißt Wiechert und ist...«, hier stockt mir kurz der Atem. »...zweiundneunzig Jahre alt«. Ich habe mich um knapp zwanzig Jahre vertippt.

Auch Dr. Bergmüller sieht mich überrascht an. »Zweiundneunzig?«, fragt er ungläubig.

Ich nicke. Er schüttelt den Kopf. Dann überprüft er die Stabilität ihres Thorax mit leichtem Druck auf beide Seiten. Er beugt sich über die Brust und hört Knochenknirschen, als er abermals drückt. »Rippenfrakturen.«

Am Kopf der Patientin ziehe ich die Haut über der Platzwunde zurück. Darunter kommt der weißgelbliche Schädel zum Vorschein, auf dem Blutschlieren wie Wasser auf einer Öljacke stehen. Sie sind teilweise geronnen und hängen in nassen Klumpen an der Haut. Der RTW schüttelt uns durch, und ich versuche, mich am Griff der Decke zu fangen. Der Respirator zischt rhythmisch, und der Thorax der Patientin hebt und senkt sich im Takt. Ich versinke kurz in Gedanken und frage mich, ob die Patientin Angehörige hat, die sie schon vermissen. Hoffentlich wird sie diesen schweren Unfall überleben.

»Polytraumatisierte Patienten muss man immer intubieren«, reißt Dr. Bergmüller mich aus meinen Gedanken. »Wir wissen bei ihr nicht, ob sie eine schwere Schädelverletzung hat oder nicht. Bei der Thoraxverletzung kann es noch zum Pneu kommen, da ist es besser, man hat kontrollierte Bedingungen.«

Der RTW fährt die Rampe der Klinik hoch. Wir werden bereits erwartet. Andreas und Sabine stehen an der Tür der Garage, um die Patientin in Empfang zu nehmen.

Übergabe 10:25
Einsatzende
Bereitschaftsstatus: 4

Dr. Bergmüller machte seinem Kollegen eine schnelle Übergabe. »Zweiundneunzigjährige, blinde Patientin, nach Verkehrsunfall mit Straßenbahn. Verletzung des Kopfes und Thorax. War bei Eintreffen am Ort wach und fraglich orientiert. Immer kreislaufstabil, Blutzucker normal. Sie hat 500 HAES und 500 Stero bekommen, zur Narkose und Analgesie Hypno 30 und Fenty null-zwei.«

Wir folgten Andreas in den Schockraum. Hier wurden zuerst Respirator und EKG-Monitor gewechselt und Blut für das Labor abgenommen. Andreas verständigte einen Neurochirurgen und danach einen Unfallchirurgen, während die Patientin zur Computertomographie geschoben wurde. Ein Patient, der dort gerade vorbereitet worden war, wurde sofort in einen Nachbarraum gebracht, damit unsere Schwerverletzte schnell versorgt werden konnte.

Wir lagerten sie auf den Tisch des Computertomographen. Andreas zog sich eine Bleischürze an und stellte sich neben das CT und die Patientin, um im Notfall sofort eingreifen zu können. Ich stand mit Dr. Bergmüller und einer RTA hinter einer strahlenundurchlässigen Scheibe. Gemeinsam starrten wir auf den großen Monitor, als der Tisch mit der Patientin durch den CT-Ring fuhr. Mein Daumen pochte immer noch vor Schmerz. Ich hatte den Handschuh, unter dem das Blut bereits geronnen war, bisher nicht abgezogen.

Ein Radiologe eilte hinzu und sah uns über die Schulter, bevor er sich nach vorne schob. Als die Bilder vom Gehirn und Schädel komplett waren, rollte er stumm mit der Computermaus durch die Bilder.

»Ja. Hier ist eine Schädelfraktur frontoparietal. Keine Kontusionen cerebral zu erkennen, keine Blutungen. Nicht einmal sub- oder epidural.«

»Erstaunlich«, murmelte Dr. Bergmüller. »Ich hätte gedacht, dass die Patientin durch den schweren Aufprall eine Hirnblutung erlitten hätte.«

Es folgte die Computertomographie des Brustkorbs.

Als auch diese fertig war, fuhr der Radiologe mit seinem Zeigefinger über den Monitor. »Rippenfrakturen. Müssen wir nochmal das Knochenfenster machen.« Die RTA hörte die Anweisung des Radiologen und nahm die Änderung der Darstellung vor.

»Noch nicht«, stoppte sie der Radiologe und starrte auf die Bilder. »Lungenkontusion links und leichter Hämatothorax. Vielleicht 400, 500 Milliliter Blut. Keine kardiale Beteiligung.« Die Patientin hatte also Lungenquetschungen mit Blutungen in den Brustkorb.

Die Aufnahmen des Bauches mit Leber, Nieren, Milz, Pankreas und den großen abdominellen Gefäßen zeigten keine Verletzungen.

»Damit kann sie´s ja sogar schaffen«, sagte ich zu Dr. Bergmüller.

Er wiegte den Kopf. »Glaub ich nicht. Ist zu alt.«

Ich ging zurück in die Notaufnahme, während Andreas der Patientin einen zentralen Zugang legte und die Chirurgen die Patientin untersuchten. Ein Polizist stand auf dem Gang der Notaufnahme und winkte mir zu. »Ich komme wegen des Straßenbahnunfalls. Können Sie mir Auskunft geben?«, fragte er mich und fuhr, ohne meine Antwort abzuwarten, fort. »Wir haben die Personalien der Frau. Es sieht so aus, als wäre sie von ihrem Altenheim aus über die Straße gegangen. Was dann genau passiert ist, ist aber noch unklar. Wie stehen denn die Überlebenschancen?«

»Sieht nicht so toll aus«, begann ich, »ist aber noch zu früh etwas Genaueres darüber zu sagen. Wie war der Unfallhergang?«

»Kann ich Ihnen nicht sagen. Die Zeugenaussagen sind widersprüchlich.« Er zuckte die Schultern und ging.

Jan saß bereits am Tisch des Aufenthaltsraums und unterhielt sich mit Schwester Sabine. Ich zog meine Handschuhe endlich aus und betrachtete meinen verletzten Daumen. Ich spülte ihn mit Wasser und zog den groben Holzsplitter heraus.

»Haste die Fensterscheibe von der Straßenbahn gesehen?«, fragte Jan Dr. Bergmüller, als dieser den Raum betrat.

»Wer die wohl bezahlen muss?«, rätselte Dr. Bergmüller.

»Die Versicherung der Patientin, würde ich sagen«, warf ich ein.

»Hör mal Bergi, du bist ja auch ein Bekloppter! Schmeißt dich wie ein Held unter die Straßenbahn, wo noch nicht mal die Stromabnehmer ′runtergefahren waren.«

Dr. Bergmüller grinste beschämt.

»Ist das nicht egal?«, fragte ich ihn. »Auf den Schienen ist doch kein Strom.«

»Naja. Theoretisch könnte es zu einem sogenannten Lichtbogen kommen, einer Entladung zwischen Oberleitung und Schienen«, erklärte er. »Habe ich aber noch nie gesehen. Wissen Sie, was wirklich gefährlich ist? Der Straßenbahnfahrer! Wenn der unter Schock steht, kann es passieren, dass er einfach weiterfährt. Also habe ich erst einmal sichergestellt, dass jemand das Führerhaus blockiert.«

»Ich glaube, dass die Patientin Glück hatte, blind zu sein. Jeder sehende Mensch hätte doch vor einem Zusammenstoß die Arme waagrecht ausgestreckt.« Ich breitete meine Arme zur Demonstration aus. »Und die wären dann von den Rädern abgetrennt worden. Sie wurde wahrscheinlich so überrascht, dass sie flach auf dem Rücken unter die Bahn geraten ist.«

»Wenn die nicht blind gewesen wäre, wär′ der Unfall nicht passiert!«, rief Jan und schlug sich gegen die Stirn. »Internisten!«

»Ich war auch überrascht, dass noch alle Gliedmaßen dran waren«, verteidigte mich Dr. Bergmüller.

»Auf Amputationen steh´ ich ja überhaupt nicht«, sagte ich und verzog das Gesicht angewidert.

»Die müssen wir im Notfall auch nur sehr selten vornehmen!« Dr. Bergmüller zwinkerte mir zu.

»Ja, wie isses denn jetzt genau passiert mit der alten Frau?«, fragte Sabine.

»Wissen wir auch nicht, aber wir können es morgen sicher in der Zeitung nachlesen«, antwortete Dr. Bergmüller und sah mich an. »Das Schlimmste bei diesem Einsatz war, dass die Patientin uns im RTW fragte ‚Was habt ihr nur mit mir gemacht?'« Seine Mundwinkel deuteten ein Lächeln an, aber seine Augen spiegelten noch die Erinnerung an den grauenvollen Moment wider.

»Wahrscheinlich dachte sie – ‚erst haut mir jemand voll über den Kopf, reißt mir Handtasche und Stock weg und schleift mich dann in einen Wagen, wo er mir eine Nadel in den Arm piekt und mich dann betäubt«, sagte ich.

Dr. Bergmüller nickte ernst.

»Wieso hat die das denn überhaupt gefragt?«, erkundigte sich Sabine.

»Weil sie blind ist. Sie hat den Unfallhergang überhaupt nicht verstanden. Geschweige denn, dass es ein Unfall war«, sagte ich.

»Warum habt ihr der Frau das denn nicht gesagt?«

»Haben wir. Mehrfach«, erklärte Dr. Bergmüller.

»Schrecklich.«

PIIIEEEP
PIIIEEEP

PIIIEEEP
»Bereitschaftsalarm«
»Bereitschaftsalarm«

Einsatz Nr. 1468
Donnerstag im Juni / Alarmzeit: 11:34
Einsatzort: EKZ Süd
Bereitschaftsstatus: 2

»Florian von 17-31, bitte kommen!«

»17-31. Einsatz im EKZ Süd, intern-zwei.«

»Haben verstanden«, sagt Dr. Bergmüller und hängt den Hörer ein.

»Was heißt intern-zwei?«, frage ich.

Dr. Bergmüller dreht sich um. »Die zwei steht für einen Einsatz mit Notarzt. Die Einser-Einsätze sind nur mit Rettungsassistenten. Sind Sie eigentlich angeschnallt?«, fragt er besorgt.

»Jaja.«

»Traut der Internist mir nicht?«, ruft Jan und biegt mit quietschenden Reifen auf den Südring.

»Noch nicht. Ich will erstmal ´was geboten kriegen!«, rufe ich und versuche, das Martinshorn zu übertönen.

»Kannste haben«, antwortet Jan und drückt das Gaspedal durch. Der Wagen beschleunigt mit leichter Verzögerung, als die Automatik einen Gang runterschaltet und der Motor aufheult. Interessiert sehe ich mir die Menschen am Straßenrand an und lausche Jans Flüchen über andere Autofahrer.

»Wenn es nach mir ginge, würde ich die ganzen Idioten hier von der Fahrbahn nehmen und noch mal in die Fahrschule schicken!«, schimpft er. »Guck dir diesen Penner mal an! Gehst du mir wohl aus dem Weg, du Arsch?«

Er überholt ein Auto rechts, um sofort die Spur zu wechseln und links quer über den Südring einzuscheren. Wir rasen über die Poststraße, die wenig befahren ist. Dann wieder eine scharfe Rechtskurve. Jan macht eine Vollbremsung. Mein Gurt hält mich auf halber Strecke zum Fahrersitz auf. Vor uns steht ein Auto mitten auf dem Weg mit eingeschalteter Warnblinkanlage und blockiert die schmale Straße. Wegen der links und rechts auf dem Bürgersteig parkenden Wagen haben wir keine Chance an dem Auto vorbeizukommen. Mir stockt der Atem. Jans Kopf läuft rot an.

Dr. Bergmüller sieht ihn versonnen von der Seite an und sagt: »Na, da müssen wir wohl umdrehen.«

Im gleichen Moment rennt ein junger Mann wie von der Tarantel gestochen aus einem Hauseingang und winkt uns entschuldigend zu.

»Sach mal, du bist ja wohl total scheiße im Kopf«, ruft Jan. und drückt mehrfach die Lichthupe. Der Mann fährt mit Vollgas los und räumt die Fahrbahn.

»Zehn Sekunden länger, und wir hätten die Polizei gerufen. Das wäre teuer geworden«, sagt Dr. Bergmüller gelassen.

»Quatsch, Polizei! Ich hätte das Auto zu Schrott gefahren und dann hätte ich dem Typ eine reingehauen«, sagt Jan.

Dr. Bergmüller sieht mich an und runzelt entschuldigend die Stirn. Ich lache bei neunundsiebzig Stundenkilometer auf dieser kleinen Straße.

Nach fünf Minuten Fahrt sind wir am Einsatzort. Wiederum werden wir von einem Sicherheitsmann erwartet. Der RTW trifft hinter uns ein und zieht leicht schwankend vor das NEF. Einen Moment brennt die Sonne auf meinem Nacken, als uns auch schon das kalte Gebäude schluckt. Wir joggen die Rolltreppe hoch, vorbei an verdutzt blickenden Einkaufenden. Sekunden später sind wir in einem Bekleidungsgeschäft. Um uns herum befinden sich Ständer mit Jacketts und Mänteln. Durch den Wald der Kleider gelangen wir zu einer Gruppe von drei Leuten, die von einem alten Mann mit weißen Haaren und zwei Frauen gebildet wird. Der Mann sieht recht munter aus und sitzt auf einem Stuhl. Mir wird sofort der Gegensatz zu unserem letzten Einsatz bewusst. Hier kann es nicht um etwas Ernstes gehen, dazu sieht der Patient zu normal aus.

»Guten Tag, Bergmüller mein Name. Ich bin der Notarzt.

Was ist passiert?«

Der Mann winkt ab. »Ach, halb so schlimm.«

Die ältere Frau fällt ihm ins Wort. »Mein Mann ist zuckerkrank. Er hat sich vorhin Insulin gespritzt und dann nichts gegessen. Eben ist er dann hier fast...«

»...umgekippt«, ergänzt die jüngere Frau.

Der Mann winkt nochmal ab. »Alles halb so schlimm. Ich habe dann etwas Traubenzucker gegessen. Jetzt geht´s wieder.«

»Wir legen Ihnen jetzt einen Zugang. Dann kontrollieren wir den Blutzucker«, sagt Dr. Bergmüller. »Waren Sie bewusstlos?«

Der Mann sieht ihn entsetzt an. »Ach was!«

»Gewackelt hast du schon!«, ruft die Ehefrau.

»Ja, so´n bisschen wackeln tun wir alle mal ab und zu«, gibt der Mann genervt zurück.

»Blutzucker 60!«, sagt einer der RAs.

»Wir geben Ihnen Glucose, weil sie einen etwas niedrigen Blutzuckerwert haben«, sagt Dr. Bergmüller. »Dann nehmen wir Sie jetzt mit in das Marienkrankenhaus. Dort kann man das noch abklären.«

»Tun Sie, was Sie nicht lassen können«, sagt der Patient genervt.

»Haben Sie Vorerkrankungen?«, fragt Dr. Bergmüller.

»Ich hatte mal einen Herzinfarkt.«

»Und wann war das?«

»Das war vor fünfzehn Jahren, Herr Doktor«, sagt die Ehefrau.

»Nee, das war vor vierzehn Jahren«, korrigiert der Ehemann.

»Neinnein. Vor fünfzehn.« Die Ehefrau nickt überzeugt.

»Okay, okay«, unterbricht Dr. Bergmüller und beginnt, das Einsatzprotokoll auszufüllen.

Wenige Minuten später erscheint ein RA mit dem fahrbaren Stuhl aus dem RTW. Wir helfen dem Patienten von dem einen Stuhl auf den anderen, während er nur abwinkt. »Ich kann doch noch gehen.«

Kurze Zeit später fahren wir ohne Blaulicht und Sirene zum Krankenhaus. Ich bin enttäuscht.

Kein lebensrettender Einsatz.

Übergabe 12:15
Einsatzende
Bereitschaftsstatus: 1

Im NEF war es richtig heiß. Ich wurde müde und zog die Beine an, um die Knie an den Fahrersitz zu lehnen. Mein Mund war trocken, und ich freute mich auf ein kühles Getränk. Dr. Bergmüller drehte hin und wieder die Lautstärke am Funkgerät höher, wenn er irgendwelche Einsätze anderer Rettungsteams mitbekommen wollte.

Jan fuhr jetzt wieder zivilisiert, obwohl er nicht mit Kommentaren über um ihn herum fahrende Autos und deren Insassen sparte.

»Was soll denn unser Praktikant von dir denken?«, kritisierte ihn Dr. Bergmüller.

»Ja, genau«, protestierte ich, »als internistischer Denker und Schöngeist fühle ich mich in meiner intellektuellen Wahrnehmung zutiefst gestört.«

»Und ihr führt überhaupt gar keine Auswahlgespräche mit den Praktikanten?«, fragte Jan seinen Beifahrer.

»Du meinst, weil wir so wahllos jeden akzeptieren?«

»Ich möchte demnächst mal ein Wörtchen da mitreden.«

»Du weißt doch, dass du als Rettungsassistent überhaupt kein Mitspracherecht hast!«

»Ich kann mir ja nicht mal den Notarzt aussuchen. Mich haben sie ja mit dir ins Auto gezwungen. Die wollen mich doch aus dem Laden mobben!«

»Bei dir heißt das nicht Mobbing, sondern Rationalisierung bei Unterqualifizierung.«

»Ach, wisst ihr Klugscheißer, was ihr mich mal könnt?«

»Komm, achte mal besser auf den Verkehr!«

»Jaja, das kriegst du immer von den Frauen zu hören.«

Dr. Bergmüller drehte sich zu mir und grinste. Seine Zähne

blitzten in der Sonne. »Ich kann Ihnen versichern, dass es auch gute Rettungsassistenten gibt. Ich habe zumindest schon mal von einem gehört.«

»Sie meinen, so wie intelligente Chirurgen?«

»Na, so weit würde ich mich jetzt auch wieder nicht aus dem Fenster lehnen!«

»Der IQ eines Patienten ist übrigens umgekehrt proportional zu seiner Prognose. Wollte ich nur mal loswerden.«

»Das ist bei Rettungsassistenten ähnlich mit IQ und der Beschäftigungsdauer. Jan, du bist doch schon einige Jahre beim ASB, oder?«

»Und wenn der Praktikant und der Notarzt nicht beide aufhören, Schwachsinn zu reden, gehen beide zu Fuß«, knurrte Jan.

»Sollen wir dir noch helfen, die Medikamente im NEF zu überprüfen?«, fragte Dr. Bergmüller schnippisch, als wir angekommen waren.

»Haut einfach nur ab! Ich mach hier alles selbst. Ich melde das NEF für heute ab. Ich habe keine Lust mehr.«

»Ich bräuchte da noch sieben relevante Einsätze«, sagte ich mit erhobenem Finger.

»Wenn ich dir diesen Koffer über den Kopf ziehe, haste schon einen!« Jan fuhr mit einer Hand durch seinen braunen Bürstenhaarschnitt.

Ich ging mit Dr. Bergmüller zur Notaufnahme. »Gehört zur Ausbildung eines erfahrenen Notarztes, seinen Rettungsassistenten weich zu kochen?«

»Das hat man Ihnen noch nicht beigebracht?«, fragte er überrascht, als er den Aufenthaltsraum betrat.

»Und? Habt ihr wieder Leben gerettet?«, fragte uns eine Krankenschwester, die ich noch nicht kannte. Sie sah aus, als arbeitete sie nicht als Schwester, sondern in einer Parfümerie. Ihre glatten, dunklen und sehr gepflegten Haare hatte sie mit einem Haarreif und der Unterstützung von viel Haarspray zurückgesteckt. Die Ohren waren frei und wurden an ihrer Unterseite von nach vorne gebogenen Locken umrahmt. Die Augenbrauen waren gezupft und mit einem Stift nachgezogen. Sie hatte viel Make-up auf dem Gesicht, das ihren Zügen etwas Maskenhaftes verlieh. Auf den Lippen trug sie leuchtend roten Lippenstift. Insgesamt fiel sie durch ihr gutes Aussehen auf, obwohl es nicht das war, was man als ‚natürliche Schönheit' bezeichnet hätte. Bei ihrem Anblick kam mir der Ausdruck ‚Diva' in den Sinn, nur war ich mir nicht sicher, welchem Film ich sie am ehesten zuordnen könnte.

»Ob ihr Leben gerettet habt?«, riss die Diva-Schwester mich mit ihrer Frage aus den Gedanken.

»Nein«, antwortete Dr. Bergmüller, »der Patient hat sich selbst gerettet!«

»Wie das denn?«

»Er griff beherzt zu einem Stück Traubenzucker.«

Andreas unterhielt sich mit Jan. »...und da bin ich am Sonntag mit dabei. Ich war ja schon letztes Jahr mit dabei, aber diesmal soll der CSD ja noch größer werden.«

»Wo steht ihr denn dann?«, fragte die Diva.

»Ich glaube, am Alten Steinweg oder so.«

»Du fährst beim Christopher Street Day Notarzt?«, schaltete ich mich ins Gespräch ein.

Andreas nickte. »Ist aber nicht so interessant. Hauptsächlich Besoffene und so.«

Ich sah meine Chance, die Einsätze der Woche noch zu komplettieren und fragte »Kann ich denn da mitfahren?«

Andreas sah mich etwas irritiert an und blickte dann zu Dr. Bergmüller.

Der zuckte die Schultern und sagte: »Das ist aber alles nicht so wohl organisiert wie die normalen Einsätze, die sie hier sehen. Da helfen viele Freiwillige. Und, wie Herr Jacobi schon sagte, sind die wenigsten Einsätze wirklich relevant.«

»Das ist mir egal. Ich fänd' das sehr interessant, bei so einem Happening mitzuarbeiten.«

Dr. Bergmüller zuckte noch einmal die Schultern. »Fragen Sie einfach Herrn Büker, der muss Ihnen die Erlaubnis erteilen. Wenn Herr Jacobi nichts dagegen hat...«

Fünf Minuten später war alles geklärt. Ich hatte die Erlaubnis, drei Tage später mitzumachen. Am Christopher Street Day zog jährlich eine riesige Parade – ähnlich einem Karnevalsumzug – von Schwulen und Lesben durch die Innenstadt. Tausende Zuschauer, mittlerweile mehr Hetero- als Homosexuelle strömten in die Stadt, um sich das Spektakel anzusehen und mitzufeiern. Auf langweilige Einsätze mit vollgekotzten Besoffenen hatte ich natürlich keine Lust, aber vielleicht blieb doch der eine oder andere spannende Fall für mich übrig.

Ich aß etwas und zog mich danach in das Dienstarztzimmer zurück. Ich nahm mir eine Zeitschrift, legte die Beine hoch und begann zu lesen. Nach drei Minuten öffnete ich das Fenster, weil es im Zimmer bereits zu warm wurde. Draußen rappelte die Jalousie gegen den Metallrahmen. Die Geräusche wirkten im monotonen Gleichklang beruhigend. Dazu der volle Magen, der warme Raum und der langweilige Artikel. Es war ungefähr viertel nach zwei, als ich einschlief.

PIIIEEEP
PIIIEEEP
PIIIEEEP
»Bereitschaftsalarm«
»Bereitschaftsalarm«

Einsatz Nr. 1469
Donnerstag im Juni / Alarmzeit: 15:13
Einsatzort: Stadtforst
Bereitschaftsstatus: 2

Ich habe einen unangenehmen Traum. Ich liege im Bett und entspanne mich, während jemand Sturm klingelt. Ich drehe mich um, doch es hilft nichts. Das Klingeln wird von einem unangenehmen Rufen begleitet. Langsam wird mir klar, dass es sich nicht um einen Traum handelt, sondern um meinen Feuerwehrfunker.

Ich schlage die Augen auf und bin zwei Sekunden später auf den Beinen. Mein Feuerwehrfunker piept schriller als jemals zuvor und bereitet meinem schläfrigen Hirn Schmerzen. Ich raffe mich auf, reiße die Tür des Dienstarztzimmers auf und renne auf den Gang der Notaufnahme. Jan steht bereits an der Schwingtür und sieht Dr. Bergmüller überrascht an. »Aus welchem Loch ist der denn jetzt gekrochen?«

Zusammen laufen wir zum NEF. Ich befinde mich noch in Trance, die erst langsam der Aufregung weicht. Wie konnte ich nur einschlafen? Ich sehe kurz auf die Uhr, bevor ich einsteige. Knapp viertel nach drei. Ich muss etwa eine Stunde auf dem unbequemen Stuhl geschlafen haben.

»Es geht zum Stadtforst, Anfahrt Süd, an der Pferdekoppel«, stellt Dr. Bergmüller mit Blick auf seinen Funker überrascht fest, »weißt du, wo das ist?«

»Klar, muss ich immer mit meinen Kindern hin«, antwortet Jan gelangweilt und fährt los. Ich schnalle mich hastig an und greife, noch schläfrig, nach den Handschuhen. Jan rast auf der Klarenbachstraße in die entgegengesetzte Richtung unseres letzten Einsatzes zur sechsspurigen Kurfürstenstraße. Die Beschleunigung scheint meine Hirndurchblutung zu verbessern, so dass ich langsam aufwache. Wir fahren einhundertzwanzig

Stundenkilometer und überholen mehrere Fahrzeuge rechts neben uns.

Jan bremst ruckartig ab. Wir fahren langsam zwischen linker und mittlerer Fahrspur durch eine Kolonne. Als wir bei Rot die Poststraße kreuzen, bleiben glücklicherweise alle Wagen stehen. Jan gibt Vollgas. Kurz vor der nächsten großen Straße müssen wir schon wieder abbremsen. Jan manövriert das NEF zwischen der linken und der mittleren Spur durch. Die Fahrer der linken Spur ziehen nach links auf die grüne Verkehrsinsel, um mehr Platz zu schaffen. Alle – bis auf einen, der genau in die entgegengesetzte Richtung zur mittleren Spur schert, auf der nun aber schon eine Wagenkolonne den Weg blockiert. Er steht schräg vor uns. Wir kommen nicht weiter.

»Du Vollidiot, machst du wohl, dass du da weg kommst!«, schreit Jan und fuchtelt mit den Armen in der Luft herum. »Ist der denn total bescheuert?« Der Fahrer des Wagens, der mittlerweile zur Straßenblockierung geworden ist, sitzt regungslos wie das Kaninchen vor der Schlange. Er fährt weder rück- noch vorwärts. Unser NEF blinkt wie ein amerikanischer Weihnachtsbaum und macht den Krach von mehreren Stadionsirenen. Wir warten jetzt schon fünfzehn Sekunden. Jan schnallt sich ab. »Dir fahr ich dein Scheiß Auto jetzt eigenhändig auf die Seite, du dummer Sausack!«

Im gleichen Moment beginnt das Gehirn des Fahrers langsam wieder einzusetzen. Er fährt im Zeitlupentempo zurück auf die linke Spur, um den Weg freizugeben. Jan schnallt sich sofort wieder an und startet. Ich zähle die Sekunden, während ich das Auto vor uns verfolge. Jede Sekunde bewegt es sich einen viertel Meter. Ich will schon sagen: ‚Fünf Sekunden noch, dann kannste losfahren‘, als Jan Vollgas gibt. Mein Magen krampft sich zusammen, und ich bohre die Finger in meine Oberschenkel. Ich werfe meinen Oberkörper nach rechts, weil ich erwarte, dass die linke Seite des NEF mit dem Auto vom ‚Kaninchen’ kollidiert und mir mein linker Arm abgerissen wird. Ich drehe meinen Kopf reflexartig nach links, um den Zusammenstoß zu sehen. Wir fahren so dicht an dem Auto vorbei, dass ich jeden Augenblick auf einen lauten Knall warte. Stattdessen höre ich nur das Zischen zwischen den Autos. Das Gesicht des Fahrers, einem älteren Mann mit Brille, glänzt vor Schweiß. Seine Augen sind weit aufgerissen und starren uns schockiert an. Er ist genauso überrascht wie ich, dass sich die Wagen nicht berühren. Jan reißt mich aus dem tranceartigen Moment. »Ja, da guckste, du Vollidiot!«, ruft er triumphierend.

Wir biegen einmal links ab. Bei dem Fahrstil wundert es mich, dass der Wagen nicht mit dem Heck ausbricht. Nach zwei Straßenzügen sind wir endlich am Stadtforst angekommen.

»Hier ist es, die Pferdekoppel ist da hinten!«, ruft Jan und bremst. »Hey, wo ist denn der RTW?«

Ich greife nach dem Ampullarium, löse den Anschnallgurt und springe aus dem Wagen. Dr. Bergmüller öffnet die Heckklappe des NEF und schnappt sich den Notfallkoffer. Jan greift den zweiten, und ich trage den Monitor.

Wir rennen zur Pferdekoppel, die hinter einer Baumallee liegt. Bei der sommerlichen Hitze kommen wir ganz schön ins Schwitzen, obwohl Dr. Bergmüller nicht nur aussieht wie ein Marathonläufer, sondern auch eine solche Kondition aufweist.

Von weitem kann ich Personen vor den Ställen, die an eine große, umzäunte Wiese grenzen, ausmachen. Die Luft riecht nach Pferdemist und wird durch das Summen hunderter Fliegen erfüllt. Als wir ankommen, löst sich die Traube von mehreren Jugendlichen und einer Frau.

In der Mitte sitzt ein Mädchen auf den Pflastersteinen der Stallungen und weint herzzerreißend. Ihre blonden, lockigen Haare fallen über ihre Schultern, die Tränen rinnen über ihre Wangen. Das Kinn ist voller Grübchen, und ihre Unterlippe zittert. Sie krümmt sich, als sei ihr übel und vergräbt ihre Hände unter ihrem Oberkörper. Erst jetzt erkenne ich, dass der

Boden voller Blut ist. Dr. Bergmüller kniet sich sofort neben ihr hin.

»Was ist los?«, fragt er.

Das Mädchen heult auf, als sie ihre blutüberströmte, rechte Hand hervorholt. »Das war Sara!« Ihr verzweifelter Schrei gellt durch die Koppel und kriecht mir durch Mark und Bein. Ich weiß erst überhaupt nicht, worum es geht, bis ich es sehe. Dort, wo eigentlich ihr Mittelfinger sein sollte, klafft eine offene Wunde. Umgeben von Hautfetzen kann man auf das Grundgelenk sehen. Aus der Wunde läuft überraschend wenig Blut, vermutlich haben sich die Arterien schon zusammengezogen.

»Bringt die Trage«, brüllt Jan den RAs zu, die jetzt auch endlich da sind. Nur kurz übertönt er damit das traurige Heulen des Mädchens.

»Jan, geht das ein bisschen leiser? Gib mal eine Kompresse!«, sagt Dr. Bergmüller.

Die Frau, die wir zuvor bei der Gruppe gesehen haben, meldet sich jetzt zu Wort. »Ich bin die Reitlehrerin. Die Stute hat Marie in die Hand gebissen.« Sie steht kerzengerade hinter mir, ist jedoch kreidebleich.

Dr. Bergmüller nickt und dreht sich zum Mädchen. »Ich heiße Peter und bin hier der Notarzt. Ich helfe dir jetzt, du brauchst keine Angst zu haben, okay? Wie heißt du denn?«

Das Mädchen weint ohne zu antworten.

»Wie alt ist sie, und was ist genau passiert?«, fragt er die Frau.

»Marie ist elf. Ich hab nicht genau mitbekommen, was passiert ist, aber die Kinder haben die Pferde gefüttert. Da hat die Stute ihr wohl in den Finger gebissen.«

‚Abgebissen', denke ich.

»Wo ist der Finger?«, fragt Dr. Bergmüller.

»Was?«, stammelt die Frau und wird noch blasser. Man kann fast durch sie hindurch sehen.

»Der Finger ist weg. Wo ist er?«

Die Frau starrt auf Maries Hand. Dann beginnen ihre Augenlider zu flattern. Ich bin schnell, aber Jan kommt mir zuvor. Er greift ihr unter die Arme, als sie kollabiert.

»Könnt´ auch noch das Stühlchen holen!«, bellt Jan über ihren Kopf hinweg zu den RAs, die gerade die Trage hinlegen und das Mädchen darauf legen.

»Jan, ein bisschen leiser, du…«, beginnt Dr. Bergmüller.

»…machst die Pferde scheu«, beendet Jan sarkastisch.

Dr. Bergmüller schüttelt den Kopf und wendet sich dann an mich. »Ich lege den Zugang, Sie sehen mal bei dem Pferd nach!«

Ich schnappe mir einen Jungen, der herumsteht und noch am ruhigsten aussieht. »Welches Pferd war es?«, frage ich ihn und blicke zu den vier Ställen, die nebeneinander liegen.

Er deutet auf ein braunes Tier, das hinter zwei Holzplanken im Stall steht und völlig teilnahmslos kaut.

Ich bete, dass es nur Stroh ist, was es da gerade verschlingt, bücke mich und wedle mit meinen Händen über das Stroh, um den Finger zu suchen. Dabei sehe ich ab und zu misstrauisch nach oben. Ich will nicht, dass mir das Vieh noch ein Ohr abbeißt.

Während ich das Stroh aufwirble, fliegt etwas Fleischfarbenes, Blutiges auf. Die Haare auf meinem Arm stellen sich auf. Es ist wirklich der kleine Finger des Mädchens. Ich hebe ihn auf. Er sieht ganz blass aus. Die Hautfetzen hängen am Ende herab. Außer dem Fingernagel, der noch intakt ist, sieht das ganze aber nicht mehr nach einem Finger aus, so gequetscht ist das Gewebe. Ich bezweifle, dass man diesen unförmigen Klumpen noch replantieren kann. Trotzdem halte ich ihn schützend im Latex meines Handschuhs und bringe ihn zu Dr. Bergmüller.

»Wir brauchen Icepacks, Beutel und Wasser!«, sagt dieser zu den RAs, während er den Zugang fixiert. »Marie, ich gebe dir jetzt etwas gegen deine Schmerzen und dann fahren wir dich ins Krankenhaus.« Er sieht kurz zur kollabierten Frau. Jan hat sie auf den Boden gelegt und hält ihr die Beine hoch. »Deine Reitlehrerin packen wir auch ein«, sagt Dr. Bergmüller. Dann spritzt er Marie ein Schmerzmittel und etwas Valium. Marie wimmert noch etwas, aber ihre Gesichtszüge entspannen sich. Mich überrascht die schnelle Wirkung von Sedativa jedes Mal wieder.

Die RAs kommen mit den Beuteln. Ich lasse den Finger, an dem noch Dreck und Strohteile kleben, in den Beutel gleiten, der wiederum in einen Beutel mit Icepacks gesteckt wird. Mir bricht es fast das Herz, diesen kleinen Finger zu sehen und dabei Maries Weinen zu hören. Ich helfe, sie in den RTW zu verladen. Die Reitlehrerin sitzt bereits stumm im RTW auf dem Transportstuhl.

»Wir fahren in unser Klinikum, direkt in die Plastische Chirurgie«, sagt Dr. Bergmüller zum Fahrer. »Weißt du was, Marie?«, fragt er dann das Mädchen, als wir losfahren. »Wir haben deinen Finger gefunden. Vielleicht kann man ihn ja wieder annähen. Und wenn nicht, naja, einen Mittelfinger braucht man zum Glück nicht so dringend.« Er legt ihr einen sauberen Verband an.

Zum ersten Mal zeigt Marie eine Reaktion. Sie wischt sich mit der linken Hand die Tränen aus dem Gesicht. »Warum hat Sara das getan, ich habe sie doch nur gefüttert? Dann hat sie zugebissen. Warum hat sie das getan?«, fragt sie und schluchzt.

Dr. Bergmüller streicht ihr über den Arm. »Vielleicht hat sie gedacht, es wäre Heu?«

Marie schüttelte energisch ihren Kopf. »Das hat sie noch nie getan.« Sie überlegt. »Werde ich wieder reiten können?«

Dr. Bergmüller lächelt. »Ja, natürlich. Wenn deine Hand verheilt ist.«

Die Reitlehrerin sitzt nur da und sagt keinen Ton. Sie steht immer noch unter Schock. Ich messe einen Druck von 100 zu 60.

Als wir im Klinikum ankommen, bringt Andreas die Reitlehrerin in unsere Notaufnahme. Wir gehen mit Marie direkt in die Chirurgie und verständigen einen der Plastischen Chirurgen. Wenig später kommt er zu uns und sieht sich Maries Hand an, danach den Finger im Beutel. Er verzieht keine Miene. Er hat es anscheinend häufiger mit abgetrennten Gliedmaßen zu tun.

Ich bin erleichtert, dass er nicht so kalt ist, wie er zunächst wirkt. Mit netter Stimme sagt er zu Marie: »Gut, ich versorge deine Wunde hier. Dann rufen wir mal deine Eltern an.«

Er wendet sich zu uns und dreht seinen Rücken zu Marie. Dann zeigt er auf seinen Mittelfinger und schüttelt den Kopf.

Übergabe 15:45
Einsatzende
Bereitschaftsstatus: 2

»Pferdewurst hätte ich aus dem Scheißvieh gemacht«, fluchte Jan, als wir in der Notaufnahme waren. »Meine Kinder lass ich da nie wieder hin. Ich wusste immer, dass man Pferden nicht trauen kann.«

»Immerhin hat das Pferd den Finger ja nicht gefressen«, gab Dr. Bergmüller zurück.

»Hat dem Mädel ja auch nix gebracht. Kann dem Gaul noch nicht mal mehr beide Mittelfinger zeigen.«

»Kommt, wir fahren zum ASB. Ich habe da noch etwas zu erledigen«, unterbrach Dr. Bergmüller Jan.

Beim ASB ging ich über die Straße, um mir in einem Imbiss etwas zu essen zu kaufen. Jan lehnte am Wagen und unterhielt sich mit seinen Kollegen, die sich um einen Krankenwagen scharten. In der Imbissbude war es unerträglich heiß. Der Hähnchengrill und die Friteusen sorgten dafür, dass es draußen fast schon kalt wirkte. Ich legte Geld auf den Tisch, bestellte eine große Portion Pommes frites und setzte mich auf einen der Barhocker. An der Wand hing ein Fernseher, dessen Ton zu leise war, um irgendetwas zu verstehen.

»Einmal Pommes. Möchtest du ´was drauf?«, fragte mich der Mann hinter der Theke.

»Nee, geht...«

PIIIEEEP
PIIIEEEP
PIIIEEEP
»Bereitschaftsalarm«
»Bereitschaftsalarm«

Einsatz Nr. 1470
Donnerstag im Juni / Alarmzeit: 17:42
Einsatzort: Brunnenstraße
Bereitschaftsstatus: 1

»Hat's dir da nicht geschmeckt?«, fragt mich Jan und sieht dann auf das Display seines Feuerwehrfunkers. »Brunnenstraße!« Dann sieht er sich prüfend um. »Wollen wir noch auf Bergi warten?«

»Du scheinst ja ein Gottvertrauen in mich zu setzen.«

Jan sieht mich verständnislos an. »Ach Quatsch, ich brauch weder dich noch den anderen!«

»Einmal Brunnenstraße, bitte«, sagt Dr. Bergmüller und steigt ein, »Und zwar nicht die im Norden, sondern in...«

»Sachmal, hältst du mich eigentlich für total dumm?«, fragt Jan. »Was meinste, warum ich nicht studiert hab? Erstens, um 'was Richtiges zu lernen und zweitens, damit ich nicht die ganze Zeit herumschwafel wie du!« Jan schaltet Sirene und Blaulicht an. Dann rast er los.

Die verzerrte Stimme aus der Meldungszentrale erfüllt das NEF: »17-31 von Florian. Intern-zwei. Der Anrufer ist der Hausarzt der Patientin. Sie hat sich bei ihm wegen Luftnot gemeldet. Direkte Verständigung des Rettungsdienstes. Brunnenstraße – und zwar die im Norden der Stadt, nicht die im Süden.«

»Haben verstanden und sind unterwegs.«

»Verstanden.«

»Sag mal Jan, hatte ich dir schon gesagt, dass die Brunnenstraße im Norden gemeint ist und nicht...«, Dr. Bergmüller bricht ab und grinst.

Jan verzieht keine Miene und tritt fast gleichzeitig auf Gas und Bremse, als er einem schräg parkenden Auto ausweicht.

»Reizt dich das Wetter etwas? Du fährst so aggressiv!«, fragt

Dr. Bergmüller.

»Sachmal, Bergi. Biste meine Frau, oder was?«

»Wer fährt denn eigentlich morgen mit uns?«

»Ich.« Jan lacht dreckig.

»Schade. Sonst hätte ich deine Frau gebeten, uns zu fahren.«

»Die fährt sicher besser als du!« Mit beiden Händen am Lenkrad gräbt Jan uns einen Weg durch den Berufsverkehr. Er muss häufiger beschleunigen und abbremsen als bei den letzten Fahrten. Ich werde hin- und hergeschüttelt, obwohl der Wagen schon die meisten Unebenheiten der Straße abfedert, als wir über das Kopfsteinpflaster einer Straßenbahnstrecke fahren.

Wir wechseln ruckartig die Spur. Ich komme mir vor wie in einer Achterbahn und bin froh, keine Pommes gegessen zu haben. Wir überholen den Verkehr links und fahren mit achtzig Sachen auf die Gegenspur. Die Autos weichen uns aus. Ein Fahrer in einem blauen Golf zeigt uns einen Vogel. Dann nutzt er die hinter uns gebildete Schneise, um hinter uns zu fahren.

»Da surft jemand auf unserer Welle«, sagt Dr. Bergmüller.

Als der Fahrer des Golfs sieht, dass wir ihn sehen, bremst er ab und fährt seitlich heran.

Mich reißt es zur rechten Seite, als Jan in einer scharfen Linkskurve auf die Beethovenstraße abbiegt. Ich werfe einen Blick aus meinem Fenster, um die Straßenbahnhaltestelle von unserem ersten Einsatz am Morgen zu sehen. Es stehen viele Leute mit Koffern oder Taschen auf der Plattform. Vom Unfall mit der alten Frau ist nichts mehr zu sehen.

»Leck mich am Arsch. Wo willst du denn hin?«, schreit Jan und schert mit dem Wagen aus, um einem Auto auszuweichen, das vor uns auf unsere Fahrbahn wechselt. Er reißt das Lenkrad herum, um wieder die Spur zu wechseln. »Was ein blöder Penner!«, ruft er sauer.

»Wieso?«, fragt Dr. Bergmüller, »der hat doch vorher ganz ordnungsgemäß geblinkt.«

Mir wird schwindelig.

»Alles Bekloppte hier!«

Wir passieren das Fußballstadion mit rund einhundert Stundenkilometer und werden wieder abgebremst, weil sich ein Stau vor einer größeren Kreuzung gebildet hat. Jan manövriert uns mit ständigem Beschleunigen und Abbremsen hindurch.

»Schöner Doppler-Effekt!«, rufe ich, als wir einen LKW überholen, an dem die Sirene widerhallt.

Dr. Bergmüller freut sich. »Ja, toll, nicht?«

»Was für´n Effekt?«, fragt Jan.

»Doppler, D-O-P-P-L-E-R-Effekt«, buchstabiert Dr. Bergmüller. »Das hat etwas mit Physik zu tun.«

»Hmm. Wisst ihr was, ihr verdopplert hier meine Arbeit mit eurem Gequatsche!«, antwortet Jan und reißt im gleichen Moment das Steuer nach rechts. Ich werde gegen den Innengriff der Tür geschleudert. Mein Arm schlägt gegen das Plastik der Innenverkleidung. Ein dumpfer Schmerz zieht bis in meine Schulter. Blutender Finger am Morgen, Prellung jetzt – ich werde noch zum Invaliden! Ich konzentriere mich auf meine Umgebung, um mich von dem Schmerz abzulenken. Wir befinden uns jetzt in einem Wohngebiet. Auf einem Straßenschild steht ‚Zone 30'. Dr. Bergmüller schaltet die Sirene ab, weil weit und breit niemand zu sehen ist.

Jan fährt langsamer, um die Hausnummern zu erkennen. »Hier sind wir!«, sagt er, fährt auf den Bürgersteig. Wir sind in einer ruhigen, dem Anschein nach etwas vornehmeren Wohngegend mit weißen Häusern und kleinen Vorgärten, durch die schmale, gepflasterte Pfade zu den Haustüren führen. In einigen Vorgärten stehen Gartenzwerge. Das Haus, in dem unsere Patientin sein soll, wirkt unbewohnt. Mir ist noch immer schwindelig, als ich aussteige. Das Haus sieht von außen zweigeteilt aus. In der Mitte ist eine Front aus dicken Glasbausteinen, durch die man schemenhaft ein Treppenhaus erkennen kann. Die Glasfront endet einen Meter vor dem schrägen, rostbraunen Ziegeldach. Dr. Bergmüller steht vor der metallbeschlagenen Haustür und klingelt. Wir stehen mit sprungbereiten Beinen vor der Tür. Ich wippe nervös mit einem Fuß. Jan sieht nach rechts und links. Aus der Ferne hören wir die Sirene des RTW.

Keiner öffnet.

Dr. Bergmüller nimmt die flache Hand und drückt alle Klingeln. Wir hören ein Konzert von entfernt klingenden verschiedenartigen Tönen. Er klopft mit seiner schmalen Hand zwischen zwei Metallstäben an die hölzerne Haustür. »Haaaallooo!«

Der RTW trifft hinter uns ohne Sirene ein. Rhythmisch färbt das Blaulicht trotz einfallender Sonne die Häuserwand blassblau.

Keiner öffnet. Ich komme mir vor wie in einer Geisterstadt in einem dieser alten Western.

Dr. Bergmüller vergewissert sich, dass die Hausnummer und der Name der Patientin korrekt sind.

»Vielleicht doch Brunnenstraße im Süden?«, spottet Jan. »Bergi, hol mal die Bullen und die Feuerwehr, sonst kommen wir nicht ′rein.«

Ich klingele Sturm. Durch die Glasbausteine lässt sich keine Bewegung erkennen. Das Haus ist stumm und unbeseelt. Jan murrt, geht zum Nachbarhaus und klingelt dort. Nach einer Minute öffnet eine junge Frau ihr Fenster im zweiten Stock »Ja, bitte?«, krächzt sie.

»Wir haben hier einen Notfall bei Ihren Nachbarn, kommen aber nicht ′rein. Hat jemand einen Schlüssel?«

»Nein. Nein, wir haben keinen Schlüssel.«

»Ist sonst noch irgendjemand bei Ihnen da?«

»Nein. Aber sie können ja mal bei den anderen klingeln.«

Jan verdreht die Augen. Dann klingelt er bei allen erneut Sturm.

»Jetzt haben Sie auch bei mir geklingelt!«, krächzt die Nachbarin.

»Achwas!«, ruft Jan genervt. »Wie ist das denn passiert?«

Ich lehne mich mit der ausgestreckten linken Hand gegen alle Klingeln am Haus der Patientin und höre die Dissonanz der Glocken, Summer und Schellen.

Keiner öffnet.

Ich setze mich auf die zwei flachen Stufen vor der Tür, das Ampullarium neben mir und atme tief ein und aus. Mir ist von der wilden Fahrt übel. Wie froh bin ich darüber, dass ich die Pommes in dem schmierigen Laden nicht gegessen habe. Jan ist wirklich ein Höllenfahrer. Ich reibe meine Augen. »Hier macht keiner auf«, rufe ich.

»Feuerwehr und Polizei sind unterwegs«, sagt Dr. Bergmüller.

»Und wenn das alles nur ein Scherz war?«

»Unwahrscheinlich. Habe mit der Zentrale gesprochen. Der Arzt der Frau hat angerufen und Luftnot gemeldet. Das klingt nicht nach einem Scherz.«

Ich drehe mich zum Haus und sehe nach oben. Wenn dort nun eine Frau hilflos liegt und nicht zur Tür kommt oder zum Telefon greifen kann? Wir warten hier unten und lebensrettende Minuten vergehen beim Warten! Ich höre Sirenen. Endlich! Ich atme noch einmal kräftig durch, die Übelkeit ebbt etwas ab.

Ein Polizeiwagen trifft als erstes ein, gefolgt von einem roten, riesigen Löschzug mit Leiter, der die gesamte kleine Straße blockiert. Jetzt kriechen die ersten Schaulustigen aus ihren Häusern, die sich vorher anscheinend versteckt haben und beleben das leere Straßenbild.

»Hat hier irgendjemand einen Schlüssel zu diesem Haus?«, brüllt Jan zu ihnen herüber. Mit seiner Stimme und seinem grimmigen Blick schüchtert er die Schaulustigen ein. Sie schütteln zaghaft den Kopf.

Dr. Bergmüller begrüßt schnell die Polizisten und Feuerwehrleute. Ich kann nichts verstehen und gehe näher an die Gruppe heran. Er deutet auf das Dach. »...ist offen«, beendet er einen Satz, und ich folge seinem ausgestreckten Arm mit meinen Augen. Knapp unterhalb des Dachs befindet sich ein kleines, gekipptes Fenster. Der ältere Einsatzleiter der Feuerwehr nickt gelassen. Dann dreht er sich um und schreit seinen Jungs Kommandos zu. In Windeseile werden Standfüße unter dem Löschzug ausgefahren, die Drehleiter erwacht zum Leben. Sie wird ausgefahren und überbrückt Bürgersteig und Vorgarten und kommt mit der Spitze an dem Fenster zum Halten. Mir steht der Mund offen, als ein Feuerwehrmann sich behende über die Leiter bewegt. Nach Sekunden ist er am Fenster und bedient die Mechanik. Es ist nach Sekunden offen. Dr. Bergmüller hat sich schnell einen Feuerwehrhelm aufgesetzt und folgt dem Feuerwehrmann mutig über die hohe Leiter. Dahinter, ebenfalls mit Helm, ein Rettungsassistent. Ich starre kurz auf die Basis der Feuerwehrleiter und verspüre das große Verlangen, auch auf die Leiter zu steigen. Dann überkommt mich wieder meine Übelkeit, und ich überlege es mir schnell anders. Jetzt kann ich durch die Glasfront des Hauses eine Person ausmachen, die im Treppenhaus nach unten läuft und versucht, die Haustür von innen zu öffnen. Die Glasbausteine verzerren die Bewegungen. Irgendwo ist ein Krachen zu hören. Ein Feuerwehrmann läuft vom Löschzug zur Haustür und nimmt Kontakt auf. Einen Moment später ist die Tür auf. Wir alle stürmen zum Treppenhaus und laufen zwei Etagen hoch, bis wir die offene Wohnungstür mit geborstenem Türschloss passieren. Von dem kleinen Flur gehen vier Türen ab. Die vordere ist geöffnet. Es ist das Schlafzimmer. Ein kleiner Raum, in den das Sonnenlicht hell einfällt und ihn erleuchtet. Dr. Bergmüller kniet mit dem Feuerwehrmann auf dem Boden. Zwischen ihnen liegt eine Frau mit schlohweißen Haaren. Ihr Gesicht kann ich nicht erkennen, weil Dr. Bergmüller die Beatmungsmaske über Nase und Mund presst. Der Feuerwehrmann stemmt rhythmisch seine durchgedrückten, etwas schmächtigen Arme in ihren Brustkorb. Dreißig Kompressionen, danach drückt Dr. Bergmüller den Ambubeutel zweimal. Der Thorax der alten Frau hebt sich, als sich die Lungen mit Luft füllen.

»Ein Zugang und ein Siebenertubus«, ruft er und bekommt den Schlauch von Jan in die Hand gedrückt. Er versenkt ihn in Sekundenschnelle in der Luftröhre der Patientin. Ich schaffe es problemlos, die Nadel in eine Vene zu stechen.

Ich arbeite mechanisch und merke, dass ich immer mehr meine Gefühle während der Einsätze ausschalten oder abspalten kann. Das Leid der Patienten betrifft mich in den Momenten der Notfallhandlung nicht. Stattdessen pumpt mein Körper Adrenalin in die Blutbahn, schärft meine Sinne und belohnt mich mit Glücksgefühlen, wenn ich die Zugänge richtig platziere. Erst nach den Einsätzen oder in den Momenten der Entspannung holen mich die Emotionen wieder ein.

Ein Blutstropfen hängt an der Kanüle und fällt auf den hellen Teppich. Den nächsten Tropfen fange ich mit dem Blutzuckermessgerät auf. »Zucker ist 150.«

Ein RA ist direkt mit dem Beatmungsgerät zur Stelle. Sie schließen es an, während Jan den EKG-Monitor anlegt und das Display in Dr. Bergmüllers Blickrichtung ausrichtet. Der Feuerwehrmann pumpt weiter auf dem Brustkorb der alten Frau und lässt die ersten Rippen krachen.

»Adrenalin, ein Milliliter!«, fordert Dr. Bergmüller, während er die Reanimation von dem Feuerwehrmann übernimmt, der außer Atem ist und schwitzt. Ich höre wieder das Krachen einer Rippe und versuche, das Geräusch zu ignorieren. Um mich abzulenken, spritze ich das Adrenalin und spüle Kochsalz hinterher. Die Kompressionen auf dem Brustkorb zeichnen sich als wilde Ausschläge im EKG ab.

Dr. Bergmüller pausiert kurz und fühlt die Arteria carotis, die Halsschlagader. »Ist noch nix.« Auf dem EKG-Monitor sind nur kleine Spannungsschwankungen zu sehen, keine Herzaktionen. Er hebt die Lider der Patientin und leuchtet mit einer Taschenlampe in die Augen. Ich beuge mich nach vorne, um einen Blick zu erhaschen. Die Pupillen sind weit und reagieren nicht, ein schlechtes Zeichen.

Die Patientin ist bestimmt über achtzig Jahre alt. Ihr Oberkörper ist entblößt, die Haut schimmert fast durchsichtig blass. Zwischen den Brüsten zeichnet sich am Brustbein bereits ein lila Fleck von der Reanimation ab. Dr. Bergmüller setzt seine beiden Handballen auf den Fleck und reanimiert erneut. »Nochmal Adrenalin!«

Ich knie am Boden und kann nichts weiter machen, als zu beobachten. Ich versuche, mir den Ablauf der Ereignisse einzuprägen. Eine Polizistin mit blondem Zopf und jugendlichen Gesichtszügen steht jetzt im Türrahmen und sieht mit mäßigem Interesse zu.

»Die Frau heißt Schindler und ist, äh, vierundachtzig Jahre alt«, sagt sie.

Dr. Bergmüller reanimiert weiter. Dann macht er wieder eine Pause, um die Vitalzeichen zu kontrollieren. Das EKG zeigt wieder Spannungsschwankungen und hin und wieder eine kleine Zacke, die auf eine Herzaktion deuten könnte. Ich balle meine Hände zu Fäusten und hoffe auf einen Erfolg – eine Rettung.

Zu meiner Überraschung bricht Dr. Bergmüller ab. Er deutet auf die kleinen Zacken, die auf dem EKG-Monitor bernsteinfarben vorüberziehen. »Das sind nur noch letzte Aktionen vom sterbenden Herz. Wir können aufhören.«

Die RAs nicken und beginnen den Rückzug. Sie schalten die Geräte ab. Das Zischen des Respirators verstummt, der EKG-Monitor erlischt mit einem letzten Pfeifton. Das Bild der kleinen Zacken schrumpft, bis nur noch ein Punkt leuchtet, als würde das Universum nach seiner Ausdehnung zusammenfallen. Die Patientin ist tot. Ein RA sammelt den über den Boden verstreuten Verpackungsmüll auf.

»Wie heißt der Hausarzt, Jan?«, fragt Dr. Bergmüller.

»Dr. Mertens.«

»Ich nehme an, wir brauchen einen Ausweis, um die Todesbescheinigung auszustellen. Besteht irgendein Hinweis auf gewaltsames Eindringen in die Wohnung – außer durch uns?«, fragt er die Polizistin.

Sie schüttelt den Kopf, und ihr blonder Zopf fegt über die schwarze Lederjacke. »Nein, alle Fenster sind verschlossen.«

»Ich werde erst mit dem Hausarzt sprechen. Dann untersuchen wir die Leiche. Brauchen Sie von mir noch irgendetwas?«

Wiederum schüttelt sie den Kopf.

Ich helfe, etwas Ordnung zu schaffen. So schnell ist aus einer Patientin eine Leiche geworden. Die Farbe ist der alten Frau ganz aus dem Gesicht gewichen, der Mund steht offen und die Wangen wirken eingefallen. Die Augen sind halboffen und starren schläfrig an die Decke. Ich ziehe den Tubus aus dem Hals und höre ein röchelndes Geräusch, das durch die Bewegung entstanden ist.

Ein älterer Polizist kommt herein und wedelt mit einem Personalausweis. »Die Frau hatte den hier in der Handtasche. Ist sogar noch gültig.« Er grinst und geht wieder in das Nachbarzimmer.

Es entsteht eine Aufbruchstimmung. Die RAs verschwinden mit ihren Geräten und Koffern.

Dr. Bergmüller räuspert sich. »Also, habe alles vom Hausarzt erfahren. Vierundachtzigjährige Patientin mit koronarer Herzerkrankung, arteriellem Hypertonus und Diabetes. Hatte jetzt eventuell einen Herzinfarkt mit Pumpversagen. Sie hatte in den letzten Tagen zunehmende Belastungsdyspnoe und hat vorhin den Hausarzt wegen dieser Luftnot angerufen.«

Er setzt sich auf eine Stufe im Treppenhaus. »Ich muss Ihnen noch etwas erklären«, beginnt Dr. Bergmüller. »Wenn Sie so eine Reanimation erfolglos bei einem alten Menschen durchführen, der was weiß ich wie lange schon dort ohne Kreislauf gelegen hat, und Sie haben dann noch diese elektromechanisch entkoppelten letzten Herzaktionen auf dem Monitor, dann erklären Sie auch laut, dass das nur noch letzte Zuckungen des sterbenden Herzens sind und keine Herztätigkeit mehr darstellen. Also quasi nur noch...«, er sucht ein passendes Wort, »...ein paar letzte Ionenströme an den Membranen. Sonst heißt es hinterher noch, der Bergmüller lässt da eine alte Frau sterben!«

Er beugt sich über sein Einsatzprotokoll und beginnt zu schreiben.

»Ich mach schon mal die Leichenschau, damit wir hier schneller rauskommen«, sage ich und begebe mich zurück in den Raum mit der toten Frau. Die Leichenstarre brauche ich nicht zu prüfen, weil sie frühestens in einer Stunde einsetzen wird. Also sehe ich mir erst die Haut der gesamten Vorderseite an, um eventuelle Verletzungen, Nadelstiche, Prellmarken oder ähnliches zu entdecken. Bis auf eine extreme Varikosis der Beine ist aber nichts auffällig. Die Leiche sieht noch so aus, als könnte sie jeden Moment aufstehen und sagen: ‚Hallo, ist alles wieder in Ordnung. Hab euch nur'n kleinen Schrecken einjagen wollen!' Frisch Verstorbene sehen weder richtig tot noch richtig lebendig aus.

Ich komprimiere den Kopf von mehreren Seiten. Er ist stabil. Einige Haare verfangen sich an meinen Latexhandschuhen. Die Thoraxstabilität brauche ich nicht zu prüfen. Ich weiß, dass einige Rippen während der Reanimation gebrochen wurden. Das Becken drücke ich von beiden Seiten mit den Händen. Dr. Bergmüller ist anscheinend noch immer mit dem Ausfüllen des Einsatzprotokolls beschäftigt, also versuche ich, die Leiche alleine zu wenden, um Totenflecken am Rücken erkennen zu können. Einen toten, schlaffen Menschen zu drehen, ist nicht sonderlich einfach. Daher greife ich die Frau an Hüfte und Schulter und ziehe sie zu mir herum. Die Leiche kippt auf die Seite und rollt auf den Bauch. Ich höre ein stöhnendes Geräusch, als der Lunge Luft entweicht. Es riecht säuerlich.

Ich schaue nach unten. Der flüssige Mageninhalt der Leiche

hat sich auf den hellen Teppichboden neben meinem rechten Schuh ergossen. Ich schalte sofort auf Mundatmung um und ziehe meinen Fuß weg. Zum Glück ist mir nichts auf die Schuhe gelaufen. Ich wende meinen Blick auf den Rücken. Erste Leichenflecken sind bereits zu erkennen, die sich leicht wegdrücken lassen. Dr. Bergmüller betritt den Raum und zieht sich ein neues Paar Handschuhe an.

»Und?«, fragt er.

»Alles regelrecht. Keine offensichtlichen Instabilitäten, Hämatome oder Verletzungen. Totenflecken sind schon zu sehen.«

»Dann füllen wir mal die Bescheinigung aus.« Er starrt unsicher auf den auf dem Bauch liegenden Leichnam. »Vielleicht sollten wir sie auf den Rücken drehen?«

Ich spüre meinen Magen. »Okay.«

Gemeinsam lässt sich die tote Frau einfacher wenden als alleine. Schlaff rollt sie wieder auf den Rücken. Der rechte Arm liegt quer über dem Brustkorb, als wolle er den fragilen Körper mit den gebrochenen Rippen schützen. Die Augen sind weit offen und eine Spur des Erbrochenen zieht vom linken Mundwinkel auf den Teppich. Ich wende den Blick ab und verlasse rasch die Wohnung.

Verlassen des Einsatzortes 18:40
Einsatzende
Bereitschaftsstatus: 1

»Passiert das häufiger, dass man zu einem Einsatz gerufen wird und vor verschlossener Tür steht?«, fragte ich, als wir in unserem NEF den Ort verließen.

»Hin und wieder«, antwortete Dr. Bergmüller. »Vor allem wenn es etwas mit Suizid, Alkohol oder Drogen zu tun hat. Manchmal rufen diese Leute einen Notarzt und schlafen dann im Rausch an ihrer Wohnungstür ein oder liegen mit aufgeschnittenen Pulsadern bewusstlos und blutend in der Badewanne.«

»Und dann fordert man Polizei und Feuerwehr nach, um die Tür zu öffnen?«

»Wenn Sie vor der Wohnungstür stehen, und Sie können sie mühelos eintreten, reicht es, nur die Polizei zu rufen.«

»Hast du die Tür g´rade eingetreten?«, fragte Jan.

Dr. Bergmüller lachte. »Nee, ich musste ja reanimieren.«

»Hättste unseren Praktikanten ja mal machen lassen können. Oder mal Feuerwehrleiter laufen lassen. Der Internist auf der Leiter!« Er lachte.

»Nee danke! Mir war ehrlich gesagt von der Fahrt noch etwas... anders.«

Jan zischte zu Dr. Bergmüller: »Ich wusste, dass die Internisten nicht lange halten, aber dass der hier so schnell kaputt geht...«

»Na, bisher macht er sich doch gar nicht so schlecht«, flüsterte Dr. Bergmüller zurück. »Immerhin hält er es noch mit uns aus.«

PIIIEEEP

PIIIEEEP
PIIIEEEP
»Bereitschaftsalarm«
»Bereitschaftsalarm«

Einsatz Nr. 1471
Donnerstag im Juni / Alarmzeit: 18:51
Einsatzort: Breslauer Straße
Bereitschaftsstatus: 2

»17-31 von Florian bitte kommen«, hören wir eine verzerrte Stimme unter Rauschen aus der Funkanlage.

»Hier 17-31.«

»Breslauer Straße, internistisch.«

»Verstanden.«

»Mist, kurz vor Schichtende. Ich habe gleich noch Training«, flucht Jan.

Wir rasen über die Straßen. Eine Minute später hören wir erneut das Funkgerät: »RTW 14 am Einsatzort. Kein Handlungsbedarf. Einsatzende. Bitte kommen.«

»Verstanden.«

Dr. Bergmüller schaltet die Sirene und das Blaulicht ab. »Ich glaube, du kommst rechtzeitig nach Hause, Jan.«

Städtisches Klinikum
Freitag, 06:55 Uhr im Juni

Ich war gut gelaunt, als ich morgens die Notaufnahme betrat. Ich wäre enttäuscht gewesen, wenn dieser Freitag schon der letzte Tag mit dem Rettungsteam gewesen wäre, aber ich hatte noch die Aussicht auf viele Einsätze am Sonntag. Ich ging in den Aufenthaltsraum, in dem Jan und Andreas saßen und grüßte alle.

Andreas sah mich provokativ an. »Hast du nicht irgendetwas vergessen?«, fragte er in unfreundlichem Ton.

Ich wollte mir meine gute Stimmung nicht verderben lassen und legte erst einmal meinen Rucksack auf das Sofa. Dann drehte ich mich zu ihm und fragte »Was bitte?«, obwohl ich seine Frage verstanden hatte.

»Hast du gestern nicht etwas vergessen?«

Ich hatte keine Lust auf irgendwelche Ratespielchen mit ihm, deshalb antwortete ich: »Ich weiß nicht. Lass mal sehen. Ich habe mir gestern die Zähne geputzt und dann...«

»Wo ist der Funker?«, fragte er mich schnippisch, als hätte er mich mit dieser Frage direkt ertappt.

»Keine Ahnung. Ich habe ihn gestern nach dem Dienst Herrn Bergmüller gegeben.«

Andreas´ Gesichtausdruck wurde wankelmütig. »Mhmm«, machte er, als glaubte er mir noch nicht ganz.

Jan starrte Löcher in die Luft. Dr. Bergmüller betrat den Raum – wie immer in roter Hose und weißem Poloshirt - und grüßte mich freundlich.

»Peter! Hat dir der Herr Birch gestern den Funker gegeben?«

Dr. Bergmüller überlegte kurz. »Ja. Kann sein. Ich habe vergessen, ihn in die Ladestation zu stecken. Muss ich gleich nachsehen.«

Wenn sich Andreas am Sonntag so aufführen würde, könnte das ja noch ein lustiger Tag werden!

»Haste noch 'was über die Frau von der Straßenbahn gehört?«, fragte Jan Dr. Bergmüller.

Dr. Bergmüller stand vor der Kaffeemaschine und raufte sich die Haare und antwortete gedankenversunken. »Nee, muss ich noch mal nachfragen.« Dann sprach er wieder zu sich »Wieso funktioniert die Kaffeemaschine denn wieder nicht?«

»Männer und Technik«, polterte Schwester Sabine los, die sich zum Frühstück hingesetzt hatte und stand wieder auf. »Lass mich mal! Du musst erst den Filter und dann...«

»Hab ich doch alles.«

»Ja, und warum funktioniert's jetzt?«

Dr. Bergmüller sah sie grinsend von der Seite an. »Vielleicht ist die Kaffeemaschine so ein bisschen wie wir? Sie hat morgens einfach keine Lust auf lange Diskussionen mit dir.«

Sie fixierte ihn mit zusammengekniffenen Augen und fuchtelte mit erhobenem Zeigefinger vor seiner Nase. »Werd bloß nicht am frühen Morgen unverschämt!«

»Ich will doch nur Kaffee.«

»Bitteschön.« Sie schüttelte ihren Kopf und gab die Kaffeemaschine frei. »Carmen, der Peter ist heute total frech.«

Carmen, die dunkelhaarige Diva, legte schützend einen Arm um Sabines Schultern. »Komm, wir setzen uns schon mal. Wir lassen uns jetzt den Kaffee einfach servieren.«

»Irgendwoher kenn ich das«, rätselte Dr. Bergmüller.

Jan lachte dreckig. »Von zu Hause, was?«

»Jetzt sei mal ehrlich, Jan! Du bist doch sicher so'n richtiger Macho!«, sagte Schwester Sabine.

Jan lachte wieder und widersprach nicht.

»Nee, ich glaube, der tut nur so. Zu Hause ist der wahrscheinlich total lieb«, überlegte Carmen laut.

Jan zuckte die Schultern. Er ließ uns darüber im Dunkeln.

Schwester Sabine sah mich kritisch an. »Was ist denn mit dir? Du tust so unschuldig. Wahrscheinlich bist du so ein richtiger Macho?« Jetzt funkelten mich beide Schwestern an.

»Was soll ich sagen?«, begann ich und sah mich im Raum hilfesuchend um. »Bei uns ist alles gerecht aufgeteilt. Ich koche, sie isst. Ich putze, sie sieht fern. Ich wasche, sie schläft.«

Dr. Bergmüller lachte. »Also genauso wie bei uns allen.«

Schwester Sabine nickte. »Ich glaube, ich muss mal deine Frau anrufen. Dann frage ich die mal, wie es wirklich ist.«

Sie wechselten das Thema und aßen gemeinsam Brötchen, wobei die Schwestern und Andreas häufiger aufstehen mussten, um sich um Patienten in der Notaufnahme zu kümmern.

Noch vor drei oder vier Tagen hatte ich auf diesem Sofa gesessen und vor Nervosität ständig mit einem Fuß gewippt. Mein Körper und mein Verstand hatten vor Aufregung unter Strom gestanden. Und nun fühlte ich mich wie die Ruhe in Person. Ich hatte nach den wenigen Tagen das Gefühl, einen besseren Überblick zu haben als noch zu Beginn der Ausbildung. Ich war jetzt bereit dazu, einen ersten Einsatz alleine zu koordinieren. Selbstverständlich nur mit Dr. Bergmüller in meiner Nähe, um meine Fehler auszubügeln.

Nach einer Weile hörte ich das Piepen des Bereitschaftsfunkers. Dr. Bergmüller kam zur Tür herein. »Herr Birch! Kommen Sie mit?«

Einsatz Nr. 1472
Freitag im Juni / Alarmzeit: 08:51
Einsatzort: Buschstraße
Bereitschaftsstatus: 2

Das NEF steht in der kühlen Garage. Das Licht scheint durch das Plexiglas des großen Tores herein und hellt die Garagenatmosphäre etwas auf. Sekunden später verlassen wir die Basis. Alles funktioniert perfekt. Dr. Bergmüller meldet uns an die Zentrale und bestätigt den internistischen Einsatz, der uns in die Buschstraße führen soll. Jans Fahrstil ist es anzumerken, dass er sich sehr darüber freut, nicht in der Notaufnahme herumhängen zu müssen. Wir rasen in den Süden der Stadt. Häuser, Passanten und Autos fliegen an uns vorbei. Dr. Bergmüller hat den Ordner mit den Stadtplanausschnitten auf dem Schoß und fährt mit dem Finger über die Planquadrate.

»Die Buschstraße ist bei diesem Neubaugebiet und verläuft parallel zum Südring.«

»Und wen interessiert das jetzt?«, fragt Jan spöttisch.

»Mich, ich möchte die Stadt besser kennenlernen.«

»Hörma, du Idiot, hörste vielleicht mal auf zu pennen?«, schreit Jan.

»Tschuldigung, ich war nur kurz eingenickt«, stammle ich von hinten. Dr. Bergmüller lacht.

»Dich meint ich nicht, sondern den Pfeifenheini da vor mir.«

»Achso.« Ich grinse.

»In welcher Schießbude hat der Penner denn seinen scheiß Führerschein gewonnen?«

Wir sind längst vorbeigefahren. Jan hält beide Hände am Steuer. Er lässt sich trotz seiner Emotionen nicht irritieren.

»Die Sirene ist viel zu leise. Die hört doch kein Schwein!«, schimpft er.

»Die Diskussion hatten wir schon mal«, entgegnet Dr. Bergmüller ruhig. »Die Sirene ist vorne unten angebracht. Deshalb hören nur wir sie nicht so laut. Die Leute draußen halten sich nicht nur wegen deiner Wortwahl die Ohren zu.«

Ich ziehe mir Handschuhe an und reiche ein Paar an Dr. Bergmüller. Er bedankt sich höflich, als würden wir nicht in einem Notarztwagen bei einhundert Stundenkilometern mit einem schreienden Teufelsfahrer sitzen, sondern beim Kaffeekränzchen. Ich konzentriere mich diesmal stärker darauf, mit in die Kurven zu gehen und mich weniger durchschütteln zu lassen, um mich nicht schon wieder wie nach zehn Achterbahnfahrten zu fühlen. Jan tritt kräftig auf die Bremse und biegt nach rechts ab. »So, das ist die Buschstraße. Und da ist der RTW!«

Wir springen aus dem Auto und laufen zu einem mehrstöckigem Wohnhaus in einem Baublock von Häusern, die zu groß für den Begriff ‚Mehrfamilienhaus', aber zu klein für ‚Hochhaus' sind. Der Eingang liegt etwas verwinkelt. Wir laufen in einen dunklen Hausflur mit Briefkästen, einem alten Kinderwagen und einem ausgefransten Fußabtreter. Nach wenigen Stufen sind wir im ersten Stockwerk, wo die Wohnungstür schon offen steht. Ich schätze diesen Umstand nach unserem gestrigen Einsatz sehr.

Wie bei fast jedem Einsatz werden wir in das Schlafzimmer geleitet. Es ist die Wohnung älterer Leute. Auf einer Ablage liegt ein brauner Filzhut. Das Badezimmer, von dem ich einen kurzen Blick erhasche, ist grün gefliest. Wir bewegen uns auf einem dicken, beigefarbenen Wollteppich. Die Wohnung ist spießig eingerichtet, aber ordentlich und sauber. Das Schlafzimmer, in das wir geführt werden, ist ein kleiner Raum mit einer riesigen, dunklen Schrankwand, die das gesamte Licht absorbiert. Trotz der eingeschalteten Deckenlampe ist es düster. In einem Bett liegt ein etwa siebzig Jahre alter Mann unter einem Stapel von grünen Wolldecken mit angehobenem Oberkörper. Er sieht uns etwas ängstlich an, als wir uns zu den Rettungsassistenten begeben, einem jungen Schmalen und einem älteren Kräftigen. Schon von weitem hört man das von Rasselgeräuschen begleitete, schwere Atmen des Patienten.

»Guten Tag, Bergmüller ist mein Name. Ich bin der Notarzt.«

»Hallo«, keucht der Patient.

»Herr Doktor, mein Mann hat seit gestern so eine Luftnot«, höre ich eine Stimme neben mir und zucke vor Schreck zusammen. Neben mir steht eine zierliche, grauhaarige Frau mit großen, roten Tränensäcken unter den wässrigen Augen. Ich habe sie weder gesehen noch gehört. Sie musste hinter dem Schrank gestanden haben. Selbst Dr. Bergmüller wirkt für einen kurzen Augenblick irritiert.

»Er hat es ja am Herzen. Aber dass er´s jetzt auch mit der Luft hat...« Sie schüttelt den Kopf.

Die Rettungsassistenten sind damit beschäftigt, den Patienten an den Monitor anzuschließen und Puls und Blutdruck zu messen. Der jüngere RA legt dem Patienten mit zittriger Hand einen Zugang.

»Blutdruck 180 zu 90, Puls 90.«

»Können Sie mit erhobenem Oberkörper besser atmen?«

Der Patient nickt. Dann hustet er mehrfach. Er kommt kaum hinterher, nach Luft zu schnappen.

»Sauerstoff!«, fordert Dr. Bergmüller und zückt sein Stethoskop. Der Oberkörper des alten Mannes liegt jetzt frei. Die RAs helfen, den Patienten ganz aufzurichten, damit Dr. Bergmüller die Lungen auskultieren kann. Alle halten mit der Tätigkeit inne, um keine zusätzlichen Geräusche zu machen.

»Braucht man ja kein Stethoskop, um das Lungenödem zu hören«, sagt er schließlich.

Jan hat bereits die Sauerstoffflasche an eine Nasensonde angeschlossen, die er dem Patienten um das Gesicht bindet und dreht den Sauerstoff auf. »O_2 läuft auf 5 Litern pro Minute.«

»Was haben Sie denn am Herzen?«, fragt Dr. Bergmüller den

Patienten.

»Ich hatte Gefäß...«, der Patient schnappt nach Luft.

»Atmen Sie durch die Nase ein. Da kommt der Sauerstoff ´rein«, instruiert Jan.

Der Patient versucht es. »Ich hatte Verengungen an den Herzkranzgefäßen. Da habe ich eine Bypass-Operation bekommen.« Er schnauft wieder. »Vor vier Jahren war das.«

»Wie alt sind Sie?«

»Fünfundsiebzig.«

»Also, hier sind ventrikuläre Extrasystolen und ST-Senkungen in II und III«, sage ich mit Blick auf den EKG-Monitor. Es handelt sich also definitiv um eine verminderte Durchblutung des Herzmuskels. Der Blutdruck ist zu hoch und hat wahrscheinlich zu einer Minderdurchblutung des Herzens geführt.

»Bitte zwei Hübe Nitro. Dann Lasix 20, eine halbe Ampulle Beloc und 5000 Einheiten Heparin«, sagt Dr. Bergmüller.

Der kräftige RA zieht die Ampullen in Spritzen auf und reicht sie Jan.

»Fühlen Sie sich schon etwas besser?«, fragt Dr. Bergmüller mit Blick auf den Patienten eine Minute später.

»Ja. Schon etwas besser«, antwortet dieser.

»Eine Ampulle Valium.«

Jan reicht ihm eine Spritze. »Schon längst fertig.«

»Woher du das immer schon vorher weißt!«

»Du kennst doch höchstens fünf Medikamente. Vier haben wir schon gegeben!«

Dr. Bergmüller sieht Jan nachdenklich an, während er eine viertel Ampulle Valium spritzt, um den Patienten zu sedieren. »Und du kennst höchstens fünf verschiedene Verkehrsschilder«, antwortet er und konzentriert sich wieder auf den Patienten.

»Ich habe hier noch den Brief von Dr. Görgens«, sagt eine Stimme hinter uns, und ich erschrecke mich schon wieder. Die

Ehefrau des Patienten reicht uns einen Arztbericht.

Dr. Bergmüller liest auszugsweise vor: »Koronare Herzkrankheit. Zustand nach Bypass-Operation vor vier Jahren, Zustand nach Linksherzdekompensation Anfang des Jahres mit einer Ejektionsfraktion von zwanzig bis dreißig Prozent. Im Herzkatheter Dreigefäßerkrankung.«

»Ich fühl mich schon besser«, sagt der Patient, als wolle er uns davon überzeugen, dass diese Extrembefunde ja so schlimm nicht sein können. Tatsächlich sieht er auch so aus, als habe er weniger Luftnot.

»Wir nehmen Sie trotzdem mit ins Krankenhaus. Dort wird man Sie weiter untersuchen müssen«, erklärt ihm Dr. Bergmüller. »Und zwar in das...«, er macht eine Pause und blickt zu den RAs.

»Marienkrankenhaus«, vollendet der kräftige RA.

»Ich fühle mich schon viel besser«, beteuert der Patient.

»Herr Doktor, was geschieht denn jetzt mit meinem Mann?«, fragt die Frau besorgt.

Mit Blick auf den Monitor antwortet Dr. Bergmüller »Man muss Ihrem Mann im Krankenhaus Blut abnehmen, ein EKG schreiben und wahrscheinlich auch noch eine Herzkatheteruntersuchung durchführen. Auf jeden Fall wird Ihr Mann aber intensiv beobachtet werden müssen.«

»Intensivstation?«, ruft die Frau erschrocken.

»Ich denke schon«, sagt Dr. Bergmüller. »Aber das entscheiden die Kollegen im Marienkrankenhaus, wenn die ganzen notwendigen Untersuchungen durchgeführt wurden.«

Die ST-Senkungen auf dem Monitor haben sich nicht verändert. Die Luftnot ist jedoch verschwunden. Ich höre nur noch ein leises Knistern beim Atmen. Durch das Nitroglycerinspray haben sich die Gefäße geweitet, was indirekt den Flüssigkeitsdruck auf die Lunge verringert hat. Durch Lasix wurde den Gefäßen Flüssigkeit entzogen. Diese Maßnahmen haben rasch die bedrohlichen Symptome des Patienten gebessert.

Die Rettungsassistenten kommen mit dem Stuhl aus dem RTW zurück. Gemeinsam helfen wir dem Patienten, sich aus dem Bett auf den Stuhl zu begeben. Es ist schwierig, die Kabel und Schläuche daran zu hindern, sich nicht irgendwo zu verfangen.

Im RTW untersuche ich den Patienten kurz und teste die Reflexe.

»Alles in Ordnung«, sage ich, und der Patient strahlt.

»Alles halb so schlimm, oder?«, fragt er hoffnungsvoll.

»Das habe ich nicht gesagt«, widerspreche ich ihm. »Ihre Nervenfunktionen, die ich gerade überprüft habe, sind normal. Das heißt, dass Sie keinen Schlaganfall haben. Das hat aber überhaupt gar nichts mit Ihrem Herzen zu tun.«

»Oh.« Er ist etwas enttäuscht. Dann leuchtet sein Gesicht wieder. »Länger als drei Tage werden die mich doch wohl nicht dabehalten, oder? Ein Bekannter von mir hatte es auch mal am Herzen, dann war der nach ein paar Tagen wieder draußen.«

»Erinnern Sie sich noch an Ihre Bypass-Operation?«

Er winkt ab. »Nicht an alles. Ich war ja in Narkose.«

Ich lache. »Das meinte ich nicht. Daran, wie lange Sie stationär waren.«

Er wird nachdenklich und runzelt seine ohnehin faltige Stirn. Seine buschigen Augenbrauen heben und senken sich. Ehe er sich eine Antwort ausdenken kann, die zu weiteren Diskussionen hätte führen können, erreichen wir mit einer abrupten Bremsung das Krankenhaus. Schon werden die Hecktüren geöffnet. Neben den RAs, die mit mir den Patienten ausladen, steht eine Ärztin, die so kräftig aussieht, als könne sie den Stuhl mit Patient selbst heben. Sie sieht mich herausfordernd an. »Na, was bringen Sie mir da?«

Dr. Bergmüller, der von der Seite des RTW hervortritt, begrüßt sie herzlich und erspart mir dadurch eine Antwort. Er scheint sie zu kennen, aber sie scheint nicht viel auf die Bekanntschaft zu geben, weil sie ihm nur mürrisch ‚Hallo‘ sagt und dann auf die Übergabe wartet.

»Das ist Herr Nisius, ein fünfundsiebzigjähriger Patient...«

Weil ich die Anamnese des Patienten kenne, helfe ich den RAs, den Monitor zu tragen. Dr. Bergmüller und die übellaunige oder schlicht überarbeitete Ärztin folgen uns.

Übergabe 09:25
Einsatzende
Bereitschaftsstatus: 1

»Die Ärztin war aber nicht so gut drauf«, sagte ich zu Dr. Bergmüller, als wir wieder im NEF saßen.

Er drehte sich überrascht um. »Was? Heute war sie spitze gelaunt. Sie sollten sie mal an ihren schlechten Tagen erleben.«

Jan zog scharf die Luft durch die Zähne. »Besser nicht. Da spritzt Blut in der Notaufnahme. Aber nicht das der Patienten.«

»Als ihr irgendwas mal nicht schnell genug ging, hat Jan ihr mal gesagt, sie solle sich nicht so aufspielen. Im gleichen Moment habe ich mir gewünscht, nicht anwesend zu sein.«

»Ich dachte, die verprügelt mich!«

Dr. Bergmüller drehte das Funkgerät lauter.

»...Frau, bewusstlos, Kirchstraße.«

»Ich weiß, wo die Straße ist«, sagte Jan knapp.

»Florian von 17-31, wir sind gerade am Goetheplatz und können Einsatz Kirchstraße übernehmen. Kommen.«

»Verstanden, 17-31, Sie übernehmen den Einsatz an der Kirchstraße, der Name ist Schürholz, intern-zwei. Kommen.«

»Verstanden und Ende.«

Sekunden später piepten zwei Funker im Wagen gleichzeitig.

Einsatz Nr. 1473
Freitag im Juni / Alarmzeit: 09:42
Einsatzort: Kirchstraße
Bereitschaftsstatus: 1

Jan schaltet Blaulicht und Martinshorn ein. Seine zivilisierte Fahrweise ist damit augenblicklich beendet. Wir rasen über die Beethovenstraße und haben an der Kreuzung zur Kurfürstenstraße grüne Ampeln.

»Hast uns beim Melden ja knapp ′nen Kilometer weiter nach vorne katapultiert«, rief Jan über das Heulen der Sirene hinweg.

»Mit dir als Fahrer kein Problem!«

Wir rollen mit gebremster Geschwindigkeit über die Kaiser-Wilhelm-Straße und passieren nun den Goetheplatz.

Dr. Bergmüller sieht auf seine Digitaluhr. »Siehst du, ich habe mich nur um dreiunddreißig Sekunden verschätzt.«

Wir steuern auf die Nordbrücke zu und überholen alle Autos links. Das Wasser unter uns glitzert in der Sonne, nur ein paar Wolken schieben sich über den ansonsten blauen Himmel.

»Da vorne ist ein Blitzgerät«, ruft Jan.

Dr. Bergmüller lehnt sich nach vorne und grinst. Jan grinst. Ich klemme meinen Kopf schnell zwischen die beiden vorderen Kopfstützen und grinse. Mit einhundertzehn Stundenkilometer fahren wir über die Induktionsschleife der Geschwindigkeitskontrolle. Es blitzt.

»Sieht nach einem schönen Foto aus«, jubelt Jan.

Kurze Zeit später kommen wir in einer kleinen Straße mit dicht aneinander gereihten Mehrfamilienhäusern zum Stehen. Hinter uns trifft der RTW fast zeitgleich mit uns ein.

»Vier Minuten«, ruft Dr. Bergmüller freudig.

»Wart mal, was die hier für Augen machen, dass wir von der ander′n Seite vor denen da sind!«

Nach drei Stockwerken steht eine junge, blonde Frau an der Tür.

»Da sind Sie ja schon«, sagt sie erstaunt mit dünner Piepsstimme.

»Ha, hätten die Jungs vom RTW auch nich′ gedacht«, sagt Jan stolz.

‚So lerne ich alle Schlafzimmer der Stadt kennen', denke ich mir, als wir in das Schlafzimmer einer recht kleinen Wohnung geführt werden. In dem Raum steht ein etwa sechzigjähriges Ehepaar. Auf dem Bett, welches mitten im Zimmer steht, liegt quer eine sehr alte Frau auf dem Rücken. Ihre Augen sind geschlossen, das Atmen klingt wie das Brodeln von kochendem Wasser.

»Guten Tag«, begrüßt uns die Frau des Ehepaars mit versteinerter Miene. »Das ist meine Mutter. Wir haben sie eben so gefunden, weil sie sich nicht bei uns gemeldet hat. Ich habe meinen Mann und meine Tochter gerufen. Dann haben wir Sie angerufen.«

»Wann haben Sie sie aufgefunden?«, fragt Dr. Bergmüller.

»Vor einer halben Stunde etwa. Sie sagt gar nichts mehr und ist auch nicht aufgewacht.«

»Hat sie irgendwelche Vorerkrankungen?«

»Nein.«

»Hat sie Krebs?«

»Nein. Ihr ging es sehr gut.«

»Wohnt sie hier alleine?«

»Ja. Sie kann sich gut versorgen.« Die Stimme der Frau zittert.

Der Kopf der Patientin liegt an der Kante des Bettes, welches wiederum dicht an der Wand steht, so dass wir uns der Patientin von den Füßen her nähern.

Dr. Bergmüller spricht sie laut an und schüttelt vorsichtig ihre Schultern. Dann presst er seine Daumen auf die knöchernen Kanten der Augenhöhlen, um eine Schmerzreaktion hervorzurufen. Die Patientin liegt aber nur schlaff und regungslos da. Die RAs sind bereits in geschäftigem Treiben, um ihre Geräte zu starten. Dr. Bergmüller tastet die Halsschlagadern und danach den Puls an den Händen.

»Peripher kein Puls zu tasten, zentral tachykard.« Er zieht die Lider der Patientin hoch. »Hat grauen Star.«

Die Rettungsassistenten legen den Monitor an, messen Puls und Blutdruck. Dr. Bergmüller legt einen Zugang in die rechte Ellenbeuge. Er hört der Patientin mit dem Stethoskop auf den Brustkorb und muss sich dabei verrenken, um nicht an Monitore oder Rettungsassistenten zu stoßen.

Der Mann legt den Arm um seine Frau, die besorgt unserem Treiben zusieht.

»Puls ist 180, Blutdruck nicht messbar. Blutzucker normal.«

»Wie alt ist Ihre Mutter?«, ruft Dr. Bergmüller in den Raum, ohne sich umzudrehen.

»Einundneunzig«, sagt der Mann.

Die Tochter kommt zu mir und reicht mir zwei Medikamentenschachteln. »Diese Tabletten nimmt meine Oma.«

»Aspirin 100 und Tebonin«, sage ich laut, dass Dr. Bergmüller es hört. Wir sehen auf den Monitor. Die Sauerstoffsättigung im Blut liegt bei siebzig Prozent, was kein Mensch lange überleben kann.

Während ich die Patientin betrachte, merke ich, dass sich etwas plötzlich in meinem Blickfeld verändert. Ein Blick nach unten zum EKG. Wilde ventrikuläre Extrasystolen erscheinen zwischen den gleichmäßigen, normalen Zacken. Selbst für einen Laien ist zu erkennen, dass ein unkoordinierter Sturm elektrischer Erregung die normalen Herzaktionen zu stören beginnt. Innerhalb von einem Augenblick dominieren diese Extrasystolen die Herzaktionen, so dass nur noch unförmige Zacken auf dem Monitor erscheinen. Eine ventrikuläre Tachykardie. Die Patientin wird gleich sterben.

»Alles bereit machen zur Intubation. Ich brauche Lidocain

100.«

»Wollen Sie wirklich...?«, beginne ich und breche meinen Satz ab. Ich kann es nicht glauben, dass er eine Einundneunzigjährige intubieren will.

»Ich gebe Lidocain«, sagt Jan und schießt den gesamten Inhalt in die Vene.

Dr. Bergmüller lehnt das Laryngoskop ab, das ihm einer der RAs anreicht. »Ich brauche nur einen Tubus!« Noch immer am Fußende der Patientin greift er den Tubus vom Rettungsassistenten und führt ihn in das linke Nasenloch der Patientin ein. Dabei drückt er den Kehlkopf sanft nach unten, bis das Röcheln aus dem Tubus ertönt.

»Ist drin«, ruft er. Ein RA hat bereits eine Spritze mit Luft und blockt den Tubus. Ein anderer schließt den Respirator an.

»Auf zwölf Atemzüge pro Minute, hundert Prozent Sauerstoff. PEEP auf fünf.«

Auf dem Monitor sind jetzt vereinzelte normale Herzaktionen auszumachen. Trotzdem besteht keine ausreichende Herztätigkeit, die einen Kreislauf aufrechterhalten könnte.

»Sättigung ist bei achtzig.«

»Gilurytmal, eine Ampulle!«

Die beiden Frauen haben bereits den Raum verlassen, nun steht dort nur noch der Mann und sieht uns mit vor den Mund gepresster Hand gebannt und stumm zu.

»Alles?«, fragt Jan.

»Ja, ´rein damit!« Dr. Bergmüller sieht kurz auf den Monitor. »Kannst du noch eine Lasix und eine Inzolen aufziehen?«

An dem wirren und zu schnellen Herzrhythmus ändert sich nichts. Die Patientin wird gleich sterben, und ich verstehe nicht, wieso wir den ganzen Aufwand betreiben. Es gibt keine Hoffnung. Der Kreislauf wird die schweren Rhythmusstörungen nicht kompensieren können.

»Dann noch einmal eine Hunderter Lidocain. Fraktioniert, erst einmal die Hälfte.«

Ich nehme die Patientin nicht mehr wahr, sondern fixiere nur noch ihre Herztätigkeit, die als grüne Kurve auf dem Monitor tanzt. Nach einer Minute nehmen die Extrasystolen ab. Die Sauerstoffsättigung erreicht durch die effektive Beatmung neunzig Prozent.

Ich lege meine Fingerspitzen an die linke Halsseite der Patientin, um die Arteria carotis zu tasten. Der Puls ist kräftig und bis auf gelegentliche Pausen regelmäßig. Ich schreite vorsichtig zurück, um nicht auf einen Koffer oder auf ein Gerät zu treten und sehe auf den Monitor. Die Herzfrequenz ist jetzt auf einhundertzwanzig abgesunken. Dr. Bergmüller spritzt etwas Lidocain nach.

»Ich denke, wir haben eine stabile Situation erreicht. Wir fahren ins St. Elisabeth Krankenhaus!«

»Wird sie es schaffen?«, fragt der Mann gefasst.

»Das kann ich Ihnen nicht beantworten«, sagt Dr. Bergmüller. »Sie wäre jetzt ohne unsere medizinische Hilfe gestorben. Sie hatte zuviel Wasser in der Lunge, was die Atmung erschwerte. Dadurch gelangte zu wenig Sauerstoff in den Körper und zum Herzen. Das hat schwere Herzrhythmusstörungen ausgelöst. Wir haben jetzt die Atmung unterstützt und dadurch die Sauerstoffversorgung verbessert. Das Herz schlägt jetzt wieder fast normal. Man wird sie im St. Elisabeth Krankenhaus auf einer Intensivstation versorgen.«

Der Mann nickt. Er macht den Eindruck, als hätte er alles verstanden.

Mit der Patientin auf der Trage quetschen wir uns durch den Flur, vorbei an den beiden Frauen, die uns stumm und traurig hinterher sehen. Intensivmaßnahmen wie Intubation und Beatmung lassen einen Menschen hilflos, abhängig und bemitleidenswert aussehen. Ich kann mir nur vage vorstellen, was der Anblick für Tochter und Enkelin bedeuten muss.

Jetzt kommt der schwierigste Teil unseres Transports. Wir müssen drei Stockwerke absteigen! Das Treppenhaus ist recht schmal und die Kurven eng. Die Rettungsassistenten schnaufen, obwohl das Gewicht der Patientin gering ist. Trotzdem muss der Vordermann sich anstrengen, um die Patientin, an deren Fußende er sich befindet, halbwegs waagrecht zu halten. Um die Kurven zu passieren muss der vordere Rettungsassistent die Trage hochhalten, um die Patientin über das Geländer zu hieven.

Jäh durchzuckt ein Schmerz meine rechte Hand, die ich mir bei einer Aufwärtsbewegung mit dem EKG-Monitor am Geländer gestoßen habe. Ich unterdrücke einen Fluch im Treppenhaus und schnaufe dafür jetzt ähnlich wie meine Vordermänner. Meine Hand pocht vor Schmerz, und ich bin froh, als wir nach fünf endlos wirkenden Kurven vor der Haustür stehen. Dr. Bergmüller zwängt sich an uns vorbei und öffnet sie. Im Gänsemarsch verlassen wir das Haus.

Ich schwitze unter meiner Jacke, obwohl ich nur ein T-Shirt darunter trage. Die Fahrt geht sofort mit Blaulicht und Sirene los. Der Monitor hängt jetzt an der Wand und zeichnet ein stabiles EKG. Die Patientin ist noch immer bewusstlos, allerdings scheint sie jetzt den Tubus in ihrem Hals nicht mehr reflexfrei zu tolerieren. Es ist kein Würgen zu erkennen, wie bei intubierten Patienten, die aus einer Narkose erwachen, sondern lediglich das Zucken des Kehlkopfes und der umgebenden Halsmuskulatur. Mir wäre es nie aufgefallen, wenn Dr. Bergmüller nicht darauf gedeutet hätte.

»Einmal Dormicum, fünf Milligramm, bitte«, sagt er zu dem Rettungsassistenten, der mit uns bei der Patientin steht. Der RA, ein junger Mann mit langen, blonden Haaren, die zu einem Zopf zusammengebunden sind und das hagere Gesicht mit dem spärlichen Bartwuchs umrahmen, zieht etwa ein Drittel der Ampulle auf und reicht mir die Spritze. Ich verabreiche das Medikament und lasse ein wenig Sterofundin nachlaufen. Ich drehe die Infusion wieder ab, um der Patientin nicht noch mehr Flüssigkeit zu geben, weil ihre Lunge bereits von Flüssigkeit überlastet ist. Nach Sekunden hören die Zuckungen am Kehlkopf auf.

Dr. Bergmüller nickt. »Scheint zu reichen.«

Der RTW hält an. Zwei Minuten später sind wir auf der Intensivstation. Eine Schwester nimmt den Schlauch unseres Beatmungsgerätes ab und schließt den krankenhauseigenen an. Die Rettungsassistenten helfen ihr, indem sie die Kabel unseres Monitors von den EKG-Elektroden auf der Brust der Patientin ziehen.

Die Schwester beugt sich über die Patientin. Einer der Rettungsassistenten nutzt die Gelegenheit, um ihr in den V-Ausschnitt des Oberteils zu sehen. Dann sieht er mich an und zwinkert mir zu. Ich deute ihm mit einer Handbewegung, dass ich nichts sehen konnte. Er verdreht die Augen, um mir klarzumachen, dass sich die Aussicht absolut gelohnt hat, die ich verpasst habe.

Über den Monitor ziehen jetzt völlig normale Herzaktionen. Das Ergebnis unserer Behandlung ist eindrucksvoll. Ich werfe einen letzten Blick auf die einundneunzigjährige Patientin. Ihr Thorax hebt und senkt sich unter dem Schnaufen der Maschine. Die Rettungsassistenten haben alles eingesammelt und gehen.

Ich sage »Tschüs« zur Krankenschwester. »Äh ja«, sagt sie und wendet den Blick vom Hintern des Rettungsassistenten, der ihr in den Ausschnitt geguckt hat und sich gerade über seinen Monitor bückt.

Übergabe 10:10
Einsatzende
Bereitschaftsstatus: 1

Dr. Bergmüller und ich gingen alleine zu den Aufzügen.

»Hat Sie das Alter der Patientin nicht davor abgeschreckt, intensive Maßnahmen durchzuführen?«, fragte ich ihn.

»Nein, nicht in dieser Situation. Die Patientin hatte eine kurzfristige kardiale Dekompensation und dadurch ein Lungenödem, das wir recht einfach behandeln konnten.«

»Ja, aber ich meine, die Oma war einundneunzig. Irgendwann ist doch auch mal Schluss, oder?«

»Ja, ich hätte die Patientin nicht reanimiert.«

»Naja, aber immerhin intubiert und auf eine Intensivstation gebracht.« Ich ärgerte mich über den übertriebenen Aktionismus. »Kann man einen Menschen nicht einfach in seiner vertrauten Umgebung sterben lassen, wenn er ein nahezu biblisches Alter erreicht hat?«, fragte ich, während wir in den Fahrstuhl stiegen.

»Ja, aber vielleicht hat sie noch einige gute Jahre vor sich. Ihre Tochter sagte, dass es der Patientin bisher gut ging und sie sich sogar noch in dem Alter selbst versorgen konnte. Es bestanden keine Vorerkrankungen. Vielleicht hatte die Patientin etwas, was sie ihren Angehörigen noch gerne mitgeteilt hätte. Jetzt hat sie eventuell die Gelegenheit dazu, sich von ihrer Tochter zu verabschieden.«

»Vielleicht bin ich durch meine Arbeit in der Inneren Medizin einfach zu nihilistisch geworden«, entgegnete ich und dachte an manche junge, zum Beispiel krebskranke Patienten, die trotz aggressiver Therapien gestorben waren. Da empfand ich den plötzlichen Tod in hohem Alter eher als Geschenk statt als behandlungswürdiges Übel.

Wir gingen schweigend durch die Halle. Draußen stand Jan

mit den übrigen Rettungsassistenten in schönstem Sonnenschein. Einer trat seine Zigarette am Boden aus, blies den Rauch in den blauen Himmel und verschwand mit den anderen.

PIIIEEEP
PIIIEEEP
PIIIEEEP
»Bereitschaftsalarm«
»Bereitschaftsalarm«

Einsatz Nr. 1474
Freitag im Juni / Alarmzeit: 11:12
Einsatzort: Breisacher Straße
Bereitschaftsstatus: 2

»Seid ihr denn total gehirnamputiert? Guck dir diese Sackpfeifen an!«, brüllt Jan und drückt das Gaspedal zum Boden. Der Wagen fährt recht langsam an, Jan reißt das Steuer nach links, und wir fahren nun auf der Kurfürstenstraße durch die Stadt. Ich werde wie eine Testpuppe bei Autocrashversuchen von links nach rechts geschleudert. Dann greift der Kickdown der Automatikschaltung. Wir werden in unsere Sitze gedrückt, als der Wagen nach vorne schießt.

»Na also, warum nicht gleich?«, mault Jan. »Der hat echt Probleme in der Beschleunigung!«

Mir ist es ziemlich egal, welche Probleme unser Wagen hat, weil ich jetzt im Geschwindigkeitsrausch mit einem seligen Lächeln nach vorne in den blauen Himmel sehe.

Wir fahren eine scharfe Linkskurve und fahren dann weiter in Richtung Norden. Jan biegt an der nächsten Kreuzung rechts ab und sieht sich um.

»Da sind sie«, sagt er knapp und schaltet die Sirene ab. Der RTW steht am Straßenrand. Die RAs sind schon im Haus.

Wir zwängen uns durch den kleinen Eingang eines mehrstöckigen Hauses und erklimmen die Treppen, bis wir nach vier Etagen eine offene Tür vorfinden. Die Nachbarin der gegenüberliegenden Wohnung steht in einer Schürze im Treppenhaus und sagt mit ausgestrecktem Arm: »Da ist etwas passiert!«

Wir betreten den hell beleuchteten Flur. Dr. Bergmüller ruft »Hallo?«

»Wir sind hier«, brummen zwei Stimmen von rechts. Wir gehen durch eine Tür und stehen zur Abwechslung nicht im Schlaf-, sondern im Wohnzimmer. Auf einer braunen, abgewetzten Ledercouch sitzt eine alte Frau und sieht uns fragend an. Ihr Kopf ist gerötet, als hätte sie zu heiß gebadet.

Mit ihr im Raum sind zwei Rettungsassistenten. Zwei Männer von der ausladenden Statur eines Kleiderschranks. Einer misst Blutdruck, während der andere die EKG-Elektroden an der Brust befestigt.

»Was liegt vor?«, fragt Dr. Bergmüller die Rettungsassistenten.

»Neunundsiebzigjährige Patientin mit Schmerzen in der Brust«, sagt der RA mit den Elektroden.

»Ich hatte schon einmal einen Schlaganfall«, keucht die Patientin angestrengt. Das Manometer zischt, als der RA die Luft herauslässt.

»220 zu 110, Puls um die 100.« Die Patientin hat eine Bluthochdruckkrise.

Dr. Bergmüller schnappt sich das Nitroglycerin-Spray aus dem Medikamentenkoffer und sprüht es der Patientin unter die Zunge.

Zusammen sehen wir auf den EKG-Monitor. Die Zacken folgen rasch aufeinander, jedoch ohne Zeichen einer Herzrhythmusstörung oder eines Herzinfarktes.

»Wann war der Schlaganfall?«, fragt er die Patientin.

»Das war vor etwa zwei Jahren. Nein, Moment. Also, meine Enkelin hatte da gerade ihr Kind bekommen. Das war vor etwa eineinhalb Jahren. Seither habe ich da auch dieses Ziehen in der linken Seite. Aber ich war da in der Klinik in Bonn bei dem Herrn Professor...«

»Welche Medikamente nehmen Sie?«, unterbricht Dr. Bergmüller den Redefluss.

Die Patientin macht keine Pause, als sie antwortet: »Digimerck und Aspirin.«

»Sonst nichts?«

»Nein. Aber ich hatte...«

»Können Sie bitte den Arm mal ausstrecken?«, unterbreche

ich sie jetzt und lege den Stauschlauch an. Ich knie vor dem Sofa und halte den Unterarm fixiert, um eine geeignete Vene zu finden. Die Patientin sieht an ihrem Arm herab.

»Ich hab ja ganz schlechte Venen. Im Krankenhaus in Bonn war das ja immer ein Drama. Da sagte selbst der Herr Professor...«

Ich versenke die Nadel sekundenschnell in die Haut, der Rückschlag füllt sich mit Blut.

»Ist jetzt schon etwas besser mit dem Druck in der Brust«, stellt die Patientin fest. Ich sehe mir ihr Gesicht an. Es ist nicht mehr so hochrot wie zuvor. »Der Herr Professor sagt immer...«

»Blutzucker ist 128.«

»Zucker hab ich nicht«, beginnt die Patientin, »ich war vorgestern noch beim Dr. Zorn, und der sagte ‚Ihre Werte sind alle sehr gut', und ich habe ihn noch gefragt, ob...«

»Hier haben Sie 25 Milligramm Ebrantil.« Dr. Bergmüller reicht mir eine auf zehn Milliliter aufgezogene Spritze. »Fangen Sie mal mit der Hälfte an!«

Die Patientin spricht unbeirrt weiter. Mit wem weiß ich nicht.

»Sie haben im Moment schweren Bluthochdruck, deshalb geht es Ihnen nicht so gut«, unterbricht Dr. Bergmüller sie wieder. »Wir geben Ihnen jetzt ein Medikament, um den Blutdruck zu senken.«

Sie winkt ab. »Das weiß ich doch alles. Der Dr. Zorn hat mir ja noch vorgestern gesagt, ich soll ins Krankenhaus, um das mal alles gründlich zu untersuchen. Da hat er mir auch einen Schein geschrieben. Der liegt da vorne auf dem Tisch.«

Dr. Bergmüller fährt mit der Hand über die vielen losen Blätter auf einem Tisch mit Zierdecke, bis er den Überweisungsschein gefunden hat. Er runzelt die Stirn. Dann nickt er und beginnt, das Einsatzprotokoll auszufüllen, während ich die Frau auskultiere.

»Wissen Sie, Herr Doktor...«, beginnt sie.

Mir klingeln die Ohren, weil ihre Stimme durch das Stethoskop dröhnt.

»Würde es Ihnen etwas ausmachen, einen Moment ruhig zu sein?«, frage ich sie höflich, bin aber genervt und beeile mich, um die Untersuchung so zügig wie möglich zu gestalten. »Alles unauffällig. Keine Rasselgeräusche, einfach nur das normale, vesikuläre Atemgeräusch.«

»Na, dann fahren wir mal«, antwortet Dr. Bergmüller.

»Moment, Herr Doktor!«, ruft die Patientin. »Ich brauche da ja noch meine ganzen Sachen. Die habe ich ja alle schon gepackt, weil ich ja morgen sowieso ins Krankenhaus sollte. Die stehen da im Flur.«

Jan geht als erster zur Wohnungstür. »Hier sind zwei Tüten. Ich nehme sie mit runter.«

»Jaja, genau. Können Sie die bitte mitnehmen, ja? Der Dr. Zorn hat gesagt, ich wär′ da bestimmt erstmal eine Woche und da brauche ich ja frische Sachen, wissen Sie? Also...«

Sie redet weiter, während wir unsere Sachen zusammenpacken. Ich messe erneut ihren Blutdruck. 160 zu 80. Schon besser. Ich trage es auf Dr. Bergmüllers Einsatzprotokoll ein.

Die beiden RAs vom RTW kommen mit dem Stuhl zurück. Gemeinsam verlassen wir die Wohnung.

»Nehmen Sie auch die Tüten mit! Nehmen Sie auch meine Tüten mit«, ruft die Frau mehrfach. »Und schließen Sie meine Wohnung ab«, kräht sie. Jan lässt sich den Wohnungsschlüssel von ihr geben, geht noch einmal durch alle Räume, um die Fenster und die Balkontür zu verriegeln. Die Nachbarin steht nicht mehr im Hausflur, aber ich könnte wetten, dass sie uns in diesem Moment durch ihren Türspion beobachtet. Mit dem RTW-Stuhl tragen die beiden RAs die Patientin vier Stockwerke nach unten ins Freie.

Ich nehme einen Koffer und den Monitor, während Jan die beiden Tüten der Patientin und das Beatmungsgerät schleppt. Endlich sind wir – verschwitzt – im RTW angekommen. Ich bin mit dem Entwirren des Infusionsschlauches beschäftigt, als die alte Frau dicht neben mir einen Schrei ausstößt. Ich stehe kerzengerade vor Schreck. Sie hängt mit beiden Händen in ihren Plastiktüten und blickt wild umher.

»Ich hatte da oben doch drei Tüten stehen. Ich habe doch extra noch gesagt: ‚Da stehen drei Tüten!‘ Ich brauche die Tüte. Holen Sie mir noch die andere Tüte!« Sie ist richtig wütend.

Der große RA sieht sie verständnislos an. »Was?«

»Loslos, meine Tüten!«

»Wir sind ein Rettungsdienst und kein Umzugsunternehmen«, poltert der Schrank.

Dr. Bergmüller besteigt den RTW und beruhigt sie. »Wir haben jetzt nicht lange Zeit, um ihre Sachen zusammenzutragen. Wir müssen ins Krankenhaus.«

Unter Protest der Patientin fahren wir endlich los. Im Krankenhaus werden wir von zwei jüngeren Ärzten empfangen, denen Dr. Bergmüller eine kurze Übergabe macht. Das letzte, was ich von unserer Patientin höre, ist ein freundliches »Könnten Sie noch eine Tüte bei mir zu Hause abholen?«

Übergabe 11:45
Einsatzende
Bereitschaftsstatus: 1

Wir fuhren bei McDonald´s vorbei und ließen uns einige Burger und Pommes frites einpacken. Als wir die Rampe zur Notaufnahme hochfuhren, sagte Dr. Bergmüller »Da steht ja unser Herr Doktor!« Dann griff er die McDonald´s-Tüte und wedelte damit Andreas zu.

»Das ist so ein bisschen Pawlow´scher Hund und Konditionierung«, sagte ich. »Zuerst kommt die cephale Phase mit Speichelfluss, dann die gastrale Phase und so weiter!«

Dr. Bergmüller lachte. »Stimmt. Tolle Idee! Wir konditionieren unseren Notaufnahmearzt.«

»Ist das nicht unethisch und gegen die Deklaration von Helsinki?«, fragte ich, während wir anhielten.

»Nö. Wir brauchen ihn ja nicht direkt nach den Versuchen einzuschläfern.«

Im Aufenthaltsraum hielt Dr. Bergmüller die braune Papiertüte hoch und schwenkte sie vor Andreas´ Augen, der uns gefolgt war. »Na, setzt der Speichelfluss ein?«

»Du Hund!«, ergänzte Jan.

»Pawlowscher Hund«, korrigierte ich.

Andreas sah an der McDonald´s-Tüte vorbei und starrte uns an, als kämen wir von einem anderen Planeten. »Lasst mich raten, ein Patient hat euch ´was zu trinken angeboten?«

Dr. Bergmüller antwortete nicht und stellte die Tüte auf den Tisch. Ich verteilte die fettigen Mahlzeiten.

»Guten Appetit«, sagte Andreas, biss in seinen Burger und kaute gedankenversunken.

Dr. Bergmüller sah mich verschwörerisch an. »Wie schnell man ihn glücklich machen kann!«, flüsterte er, dass es Andreas gerade noch hören konnte.

»Und unsereins weint sich jede Nacht über Schopenhauer und Nietzsche in den Schlaf, weil er das Glück nicht finden kann«, antwortete ich ihm.

Andreas sah uns abschätzig an, während er einen großen Bissen herunterschluckte. An seinem linken Mundwinkel klebte Ketchup. »Ihr wisst doch, dass das Glück dieser Erde in den einfachen Dingen liegt. Ihr müsst nicht lange suchen!«

»Danke, Siddhartha«, stöhnte ich.

»Si... – wer?«, fragte Schwester Carmen.

»Siddhartha!«, sagte ich. »Indischer Fußballspieler. Hat mal Rechtsaußen bei Schalke gespielt.«

Dr. Bergmüller und ich lachten. Die anderen stimmten in das Gelächter ein. Alle waren heute ausgelassen. ‚TGIF – Thank God, it´s Friday!'

Mittlerweile hatte ich mich gut eingefunden. Ich gehörte zwar nicht zur Familie, fühlte mich aber immerhin wie ein guter Freund der Familie.

Ich lehnte mich zurück und biss in meinen Burger und stopfte mir einige Pommes frites in den Mund. Innerhalb von fünf Minuten hatte ich alles aufgegessen und verspürte mehr Hunger als zuvor. Ich setzte mich auf das Sofa und legte die Füße hoch. Alles war im Moment perfekt, und ich wünschte mir, dass ich noch länger hier arbeiten könnte. Mir gefielen das hochkonzentrierte, schnelle Arbeiten während der Einsätze und die entspannten Pausen dazwischen.

Es war oft möglich, den Patienten mit einigen Handgriffen und Medikamenten aus dem Schlimmsten herauszureißen. Jedes Mal eine neue, spannende Situation, auf die man sich intellektuell und sportlich einstellen musste. Nach einigen Minuten der Zauberei war der Fall erledigt und lag in irgendeinem Krankenhaus. Den Rest, also die anstrengende Aufräumarbeit und den langwierigen Heilungsprozess konnten dann die Krankenhausärzte leisten. Zwischen den Einsätzen war Zeit, an der Technik zu feilen, das Geleistete zu überprüfen und sich für manches kräftig auf die Schulter zu klopfen. Nur wollte ich nicht so genau wissen, wie schnell sich die nicht sprichwörtlichen Leichen im Keller eines inkompetenten Notarztes türmten.

Theoretisch könnte ich sobald ich meinen Rettungskundenachweis in den Händen hielt, als Notarzt durch die Straßen fahren. Ich erachtete mein notärztliches Können allerdings noch als minimal. Es wäre unverantwortlich, die Patienten dem Risiko meiner recht unerfahrenen Behandlung auszusetzen.

Dr. Bergmüller telefonierte. Er kratzte sich am Kopf und nickte einige Male. Dann legte er auf und drehte sich mit ernster Miene zu uns. »Die alte Frau mit dem Straßenbahnunfall ist tot.«

»Oh. Woran ist sie denn gestorben?«

»Sie hat wohl später noch cerebral geblutet. Außerdem hatte sie ganz ausgedehnte Lungenkontusionen.«

Ich nickte nachdenklich. Eigentlich war uns allen klar gewesen, dass die alte Frau einen so schweren Unfall nicht überleben kann. Schade war es trotzdem. ‚Schade' war vielleicht nicht das richtige Wort für den Tod eines Menschen, aber es war das, was ich empfand. Unsere Bemühungen hatten leider keinen langfristigen Erfolg gebracht. Der Unfall war tragisch gewesen.

Weil die Frau schon alt war, und ich sie auch nicht persönlich kannte, ging mir ihr Tod nicht nahe. Vielleicht war ich einfach zu abgebrüht durch die Todesfälle auf meiner Station?

»Robert, du alter Notarzt!«, hörte ich eine Stimme hinter mir rufen. Ich drehte mich herum und blickte in das Gesicht meines Freundes und Kollegen Stefan, der sich vor mir aufbaute.

»Was gibt´s Neues?«, fragte ich ihn.

Wir unterhielten uns über unseren Job und machten Witze.

PIIIEEEP

PIIIEEEP
PIIIEEEP
»Bereitschaftsalarm«
»Bereitschaftsalarm«

Einsatz Nr. 1475
Freitag im Juni / Alarmzeit: 13:01
Einsatzort: Leibnizstraße/Breslauer Straße
Bereitschaftsstatus: 2

»Na, wo geht's denn hin?«, fragt Jan sich selbst und sieht auf seinen Feuerwehrfunker, während er langsam aufsteht. »Schrebergartensiedlung Breslauer Straße, Ecke Leibnizstraße. Is' jemandem wohl ein Gartenzwerg auf'n Kopf gefallen!«

Dr. Bergmüller ist auf dem Weg zum Wagen. »Kommst du oder sollen wir schon mal vorfahren?«

»Ohne mich?« Jan lacht verächtlich, weil er weiß, dass wir ohne ihn keinen Meter von der Stelle kämen.

»17-31 von Florian, Einsatz an der Breslauer Straße Ecke Leibnizstraße in der Kleingartenkolonie, chirurgisch-zwei. Bitte kommen.«

»Verstanden. Wir übernehmen. Ende.«

»Verstanden, 17-31. Ende.«

»Meine Herren, Ihre Wetten werden jetzt angenommen. Was ist in der Kleingartenkolonie passiert?«, fragt Dr. Bergmüller, als wir über den Südring rasen.

»Da ist irgend so ein Idiot auf die Harke getreten. Wie im Comic«, sagt Jan.

»Ich sage mal...«, Dr. Bergmüller überlegt, »Finger ab mit elektrischer Heckenschere.« Dann dreht er sich zu mir. »Und, was ist mit Ihnen?«

»Ertrunken im Gartenteich.«

»Herr Birch, das ist doch nichts Chirurgisches!«, stöhnt Dr. Bergmüller.

Jan schüttelt den Kopf und lässt uns in eine Rechtskurve schlittern. »Für einen Internisten ist das schon chirurgisch genug, wenn der Patient schrumpelige Finger im Wasser gekriegt hat«.

»Okay, okay«, rufe ich mit wackeliger Stimme, weil das NEF hin und her schwankt. »Habe ich noch einen frei?«

»Klar! Dafür sind Sie ja Praktikant!«

»Dann nehme ich...«

»Ja, leck mich! Kannst du nicht mal auf deiner Spur bleiben, du Vollidiot!«

»Dann nehme ich...«, wiederhole ich, »Pfählungsverletzung auf dem Jägerzaun!«

»Aaah, schon besser!«, ruft Dr. Bergmüller und greift nach den Handschuhen.

Wir sind bereits auf der Leibnizstraße und fahren nun in Richtung Breslauer Straße. Jan manövriert uns auf dem Mittelstreifen zwischen den beiden Spuren hindurch und lässt das NEF über einen Bahnübergang schießen.

»Wo hat der Wagen denn seine Federung, kannste mir das mal verraten?«, schnauzt er uns an, während die Reifen laut poltern.

»Wo hat der Wagen denn den Knopf für den Fahrerschleudersitz?«, fragt Dr. Bergmüller.

Jan lehnt sich etwas zur Seite. Ich halte mich instinktiv an dem Türgriff fest. Er reißt das Lenkrad nach rechts und lässt uns in einen Seitenweg hineinrutschen. Dann bremst er kräftig ab und rollt langsam auf einen schmalen, staubigen Weg des Schrebergartenvereins. Vor einem hüfthohen Zaun hält er an. Ich sehe auf meine Uhr. Wir haben gerade einmal drei Minuten gebraucht, um hier anzukommen. Ich greife nach dem Ampullarium und steige aus. Wir gehen zum Kofferraum, um die Geräte und die silberfarbenen, schweren Koffer herauszuholen. Einen Augenblick später trifft der RTW hinter uns ein. Die Sirene verstummt, woraufhin das Knirschen der Reifen auf dem sandigen Untergrund hörbar wird. Jan schlägt missmutig die Heckklappe des NEF wieder zu. Dr. Bergmüller läuft bereits an einem der Jägerzäune entlang. Wir überblicken einzelne Parzellen und können nur eine ältere Frau ausmachen, die vor ihrer kleinen Hütte steht.

»Jemand hat den Rettungsdienst verständigt«, ruft ihr Dr. Bergmüller zu.

»Ja, das war ich!«, antwortet sie und streckt ihren Arm aus. »Da drüben ist der Huber von der Leiter gefallen. Mein Mann ist bei ihm.«

Wir steigen über einen Jägerzaun, weil wir keine Gartentür erblicken können und treten auf ein Beet, in dem noch keine Pflanzen, dafür aber kleine Stäbe mit aufgesetzten Verpackungen stecken. Die Frau verzieht ihr Gesicht ohne etwas zu sagen. Aus der Ferne hören wir ein Schreien, dann ein Stöhnen. Wir müssen über einen weiteren Zaun steigen, um zur Nachbarparzelle zu gelangen, in der eine Klappleiter steht. Ein Mann winkt uns zu. »Kommen Sie ′rüber! Er hier ist gestürzt.«

Neben ihm liegt ein etwa fünfzigjähriger Mann im Unterhemd und kurzer Hose im kurzgeschorenen Gras. Er hat die Augen geschlossen und japst nach Luft. Dann presst er einen schmerzerfüllten Schrei durch die Zähne. Er führt seine linke Hand an den rechten Arm, und erst jetzt sehe ich den Grund für seine Schmerzen. Der Oberarm ist in seiner Mitte gebrochen und sieht dadurch aus, als hätte er ein bewegliches Gelenk.

»Was ist passiert?«, fragt ihn Dr. Bergmüller.

»Bin von der Leiter…«, beginnt der Mann, kann aber vor Schmerzen nicht weiterreden. »Mein Arm, mein Aaarm!«

Jan ist sofort neben ihm und legt ihm einen Zugang in den linken Arm, während Dr. Bergmüller behutsam den verletzten Arm untersucht. Ich knie neben ihm und sehe mir den Arm an, der wie ein morscher Ast gebrochen ist. Der Oberarmknochen steht knapp unter der Haut hervor ohne sie zu durchbohren. Um die Stelle hat sich ein großes Hämatom ausgebreitet. Der Arm ist grotesk geschwollen. Ich beiße die Zähne zusammen. Alleine der Anblick bereitet mir Schmerzen.

»Sehen Sie hier«, sagt Dr. Bergmüller leise zu mir, »fällt Ihnen irgendetwas am Unterarm auf?«

Der Unterarm sieht, wie ich finde, völlig normal aus, keine Verletzung, kein Bruch. Ich schüttele den Kopf.

»Der Unterarm ist blass und kalt. Er ist nicht mehr durchblutet, weil die Fraktur die Gefäße abklemmt. Also müssen wir den Oberarm reponieren.«

»Helfen Sie mir!«, ruft der Mann und stöhnt.

»Keine Angst«, sagt Dr. Bergmüller. »Wir geben Ihnen gleich ein Schmerzmittel. Sie müssen mir nur noch vorher sagen, wie das passiert ist.«

Der Mann stöhnt. »Mir ist schwarz vor Augen geworden, dann bin ich wohl gefallen. Mann!«

»Macht mir mal bitte Ketanest und Dormicum fertig!«, sagt Dr. Bergmüller zu den Rettungsassistenten. Einer zieht die Medikamente auf, während der andere den Monitor auf dem Rasen abstellt. Ich klebe die Elektroden auf die Brust des Patienten und versuche dabei, den Oberarm nicht zu berühren. Jan hat die Nadel versenkt und legt dem Patienten noch einen Stiff-Neck an, falls die Halswirbelsäule verletzt wurde.

»Blutzucker ist 150.«

»Blutdruck ist 140 zu 90, Puls ist 90.«

Alle sehen auf den Monitor. Dank des klaren Bildschirms sind die Herzaktionen auch im grellen Sonnenlicht der frühen Nachmittagssonne sehr gut auszumachen. Das EKG sieht völlig normal aus.

»Sie werden jetzt müde werden, weil ich eine leichte Narkose mache«, sagt Dr. Bergmüller und spritzt Ketanest.

»Wir holen schon mal ′ne Trage«, sagt der eine RA und zieht dabei an seinen Schnurrbarthaaren. Er drückt mir die Infusionsflasche in die Hand. Ich stelle die Tropfenzahl hoch.

»Wie fühlen Sie sich denn im Moment? Noch Schmerzen?«, fragt Dr. Bergmüller den Patienten.

»Besser«, murmelt dieser kaum hörbar und schläft ein.

Die Rettungsassistenten kommen mit der Trage zurück, teilen sie in zwei Hälften und fügen sie unter dem Patienten wieder zusammen. Ich stütze vorsichtig den gebrochenen Arm, damit er nicht von der Trage rutscht. Wir heben den Patienten über zwei Zäune hinweg und verladen ihn in den RTW. Er scheint davon zum Glück nichts zu merken.

»So, jetzt müssen wir den Arm reponieren«, erklärt mir Dr. Bergmüller, als wir losfahren. »Die Extremität ist unterhalb der Fraktur nicht mehr perfundiert. Also spritzen wir erst noch etwas Ketanest und Dormicum hinterher…«

Er zieht die Lider des narkotisierten Patienten hoch. Die Augen rollen hin und her. »Sehen Sie das? Die Ketanestnarkose lässt die Augen rollen. Ketanest ist ein sehr wichtiges Medikament im Rettungsdienst. Es macht kaum Atemdepression und ist ganz gut steuerbar. Außerdem nimmt es sämtliche Schmerzen. Man sollte es allerdings mit einem Beruhigungsmittel wie Valium oder Dormicum kombinieren, weil es alleine unangenehme Träume verursachen kann.« Er ist sichtlich zufrieden. »Na, dann machen Sie mal!«

Ich lächle freundlich zurück. »Was soll ich machen?«

»Sie wollen doch den Arm nicht so lassen?«

»Sie meinen, ich soll den jetzt reponieren? Ich kann das doch gar nicht«, erwidere ich überrascht.

»Man wächst mit seinen Aufgaben«, sagt er und hilft mir. Zusammen bewegen wir den Unterarm des Patienten. Ich hätte nie gedacht, dass das so einfach geht, aber die Narkose wirkt hervorragend.

»So, jetzt ziehen wir mal!«, sagt Dr. Bergmüller.

Es knirscht einmal laut, als wir ziehen, und ich zucke innerlich zusammen. Die beiden Knochenenden müssten jetzt so halbwegs auf einer Geraden liegen.

Dr. Bergmüller legt den Arm behutsam zurück neben den Körper.

»Und jetzt schauen Sie mal auf die Hand!«

Tatsächlich wird der Unterarm jetzt rot, als sich die Hautgefäße wieder mit Blut füllen.

Nach zwei Minuten kommen wir im Evangelischen Krankenhaus an. Der Patient wacht wieder auf.

»Haben Sie noch Schmerzen?«, fragt ihn Dr. Bergmüller.

»Nein, viel besser«, sagt der Mann und lächelt. »Was ist passiert?«

»Sie haben sich den Arm gebrochen. Im Krankenhaus wird man das richten können. Und dann muss man noch herausfinden, warum Ihnen schwarz vor Augen wurde.«

Der Patient nickt. »Danke, Herr Doktor!«

Wir bringen den Patienten in die Notaufnahme des Krankenhauses und verabschieden uns.

Übergabe 13:25
Einsatzende
Bereitschaftsstatus: 1

Ich freute mich, dass wir dem Patienten direkt helfen konnten. Bei diesem ‚chirurgischen' Fall hatte man so schnell den Erfolg des eigenen Handels sehen können. Bei vielen internistischen Fällen konnte man nur rätseln, was aus den Patienten werden würde, die man im Krankenhaus ablieferte.

Aus dem Funkgerät hörten wir die blecherne Stimme aus der Rettungszentrale: »17-31 von Florian, bitte kommen!«

Dr. Bergmüller nahm den Hörer. »Hier 17-31. Was gibt´s?«

»17-31 von Florian, wir brauchen hier einen Notarzt bei einer toten Patientin, bitte kommen.«

»Wir übernehmen den Einsatz.«

»Sie können ohne Sonderrechte fahren, Polizei ist vor Ort.«

»Verstanden. Wo ist der Einsatzort?«

»In der Danziger Straße, bei Paulshoff.«

Einsatz Nr. 1476
Freitag im Juni / Alarmzeit: 13:25
Einsatzort: Danziger Straße
Bereitschaftsstatus: 1

Diesmal bleiben unsere Funker stumm, und wir fahren in normalem Tempo über die Straßen.

»Ist die Danziger Straße nicht hier gleich um die Ecke?«, fragt Dr. Bergmüller.

»Ja«, antwortet Jan.

Ich lehne mich nach vorne. »Was ich nicht so ganz verstehe, woher können sich die Leute, die den Notruf abgesetzt haben, so sicher sein, dass die Patientin wirklich schon tot ist? Ich meine, normalerweise sagen die doch ‚Mein Mann atmet nicht mehr' oder so was. Und da kann der ja schon zwei Tage tot sein, trotzdem würden wir doch da mit Sonderrechten hinfahren.«

»Ja, aber in diesem Fall ist die Polizei schon da«, sagte Dr. Bergmüller.

»Dann müssen das aber ziemlich sichere Todeszeichen sein, wenn die Polizei den Tod festgestellt hat«, sage ich und sehe, wie sich Dr. Bergmüller das zweite Paar Handschuhe über die Hände zieht.

»Ja, ziemlich sicher«, sagt er und macht ein Gesicht, das wenig Spaß ausdrückt.

»Hey Bergi, weißt du, wer mit Abstand der Ekligste war, den wir gefunden haben?«

»Nein. Der auf der Toilette?«

»Nee. Der im Keller. Der war ja total trocken und schwarz. Bah – war der fies! Widerlich!«

Ich greife nach vier Handschuhen aus dem Paket in der Mittelkonsole und ziehe mir einen nach dem anderen langsam über die Hände. Ich habe gar keine Lust, jetzt eine Leiche mit abgelaufenem Verfallsdatum zu sehen. Ich kenne die Entstellungen des Todes aus den Praktika in der Rechtsmedizin. Dort haben wir Tote in den Sektionsräumen gezeigt bekommen, die schon monatelang irgendwo unentdeckt gelegen hatten. Wasserleichen mit aufgetriebenen, fauligen Leibern und ballonartig aufgedunsenen Gesichtern. Tote, die erst in ihren Wohnungen entdeckt worden waren, nachdem es auf den Hausfluren zu stinken begonnen hatte. Ich kann mich an die Leiche eines Mannes erinnern, der etwa drei Monate nach dem Tod in seiner Wohnung aufgefunden worden war. Die Leiche war durch den Verwesungsprozess komplett schwarz gewesen, die Bauchdecke von Fäulnisgasen aufgebläht und von weißen Stippchen übersät, die wir bei näherem Hinsehen als Fliegenmaden identifizierten. Warum die Leiche skelettierte Finger hätte, wurden wir Studenten von einem jungen Kursleiter gefragt. Wir hatten keinen guten Einfall, zumal wir beim Anblick der Leiche, um die wir uns in gebührendem Abstand gruppiert hatten, nicht vor Gedankenreichtum sprühten. ‚Ratten', erklärte uns damals der Kursleiter. ‚Sind in die Wohnung eingedrungen und haben an den Gliedmaßen genagt'. Ich weiß noch, wie ich den Studenten neben mir gefragt habe: ‚Ratten und Maden – 'tschuldigung, ist hier der Kurs für Tier- oder Humanmedizin?'

»Und schon sind wir da«, flötet Jan fröhlich und reißt mich aus den unangenehmen Gedanken. Er parkt das NEF in aller Ruhe hinter einem quer gestellten Polizeiauto und einem Feuerwehrwagen. Ich habe einen Kloß im Hals. Als ich aussteige, schlägt mir die Hitze entgegen. Einige Anwohner schleichen interessiert um die Einsatzfahrzeuge herum, als könnten sie dadurch etwas herausfinden.

Jan steht neben Dr. Bergmüller am NEF und schlägt ihm seine breite Rechte auf die Schulter, dass dieser kurz zusammenzuckt. »Ich glaub, ihr braucht mich ja nicht unbedingt. Will da nicht unnötig 'rumstehen. Ich warte dann mal hier«, sagt er und lacht dreckig.

»Scheiße«, knurre ich.

»Ihr macht das schon«, setzt Jan hinterher und haut mir auch noch kumpelhaft auf die Schulter.

»Ist wirklich lieb von dir«, antwortet Dr. Bergmüller mit einem gequälten Lächeln auf den Lippen und geht mit seiner Schreibunterlage voraus. Ich folge ihm widerwillig. Vor uns ragen mehrere graue Mehrfamilienhäuser empor. Ein Polizist winkt uns von einem Hauseingang zu. Dr. Bergmüller grüßt ihn freundlich und schon verschluckt uns der Flur, der durch den hellen Tag draußen dunkel und kalt wirkt. Wir erklimmen langsam die Stufen. Drei Kinder rennen an uns vorbei. Das letzte rempelt mich aus Versehen an. Gerne würde ich mich ihnen anschließen und wegrennen. Ich zähle die Etagen. Bei der dritten Etage steht eine Frau im Flur und starrt uns an. Ich starre zurück und sehe ihr dabei in die Augen. Sie scheinen fast zu sagen: ‚Geht da nicht hoch!‘ Meine Zähne mahlen vor innerer Unruhe aufeinander. Ich habe keine Lust auf Überraschungen und Szenen, die ich länger in meinem Kopf mit mir herumtragen muss. Mein Gefühl sagt mir, mich sofort umzudrehen und Dr. Bergmüller einen guten Tag zu wünschen, doch mein Verstand zwingt mich, ihm hinterher zu trotten. Auf dem Absatz der fünften und obersten Etage steht eine Polizistin.

»Hallo«, sagt sie mit versteinerter Miene.

»Guten Tag«, ruft ihr Dr. Bergmüller entgegen, als wir die letzten Stufen hochsteigen. Hier oben ist es viel wärmer als im unteren Treppenhaus. Ich ziehe Luft durch die Nase, um zu prüfen, ob es hier schon nach Verwesung stinkt. Nein, es riecht nur muffig.

»Oben«, sagt die Polizistin, als wir an ihr vorbei die Wohnung betreten und deutet auf eine Wendeltreppe, die in dieser Maisonnettewohnung unter das Dach führt. Es ist stickig und warm. Ich schalte auf Mundatmung um, weil ich nichts riechen will. Unsere Schritte werden durch einen wollenen, weißgrauen Teppich gedämpft. Wir befinden uns in einem lichtdurchfluteten, großzügig geschnittenen Wohnzimmer. Dr. Bergmüller greift das Geländer der Wendeltreppe. Mein Kopf fühlt sich taub an. ‚Muss ich da wirklich hoch?‘, denke ich verzweifelt, ziehe die stickige Luft scharf durch meine Zähne und gehe ihm hinterher. Treppe um Treppe steige ich hoch und sehe nach oben. Wir befinden uns unter dem Schrägdach des Hauses. Jede Stufe lässt die Temperatur um ein Grad ansteigen. Während der Sekunden, in denen ich meinen Körper höher und höher schraube, überlege ich, was diese Backofenhitze unter dem Dach mit der Leiche wohl veranstaltet hat. Mir wird schon vor Aufregung flau. Mein Kopf ist jetzt auf Fußbodenhöhe der oberen Etage. Ich kann einen Polizisten und zwei Männer von der Feuerwehr sehen, die ziellos umherschlendern. Mein Oberkörper ist nach zwei Stufen über Fußbodenniveau, aber ich kann nicht an Dr. Bergmüller vorbeisehen. Jetzt bewegt er sich zur Seite. Zwei Meter von der Treppe entfernt, steht unter der niedrigsten Stelle des Schrägdaches ein Bett mit beigefarbenem Laken. Darauf liegt ein Körper. Ich umklammere das Geländer so fest, dass ich jeden meiner Knöchel spüren kann. Ich atme durch den Mund und konzentriere mich, keinen Hauch durch die Nase einzuziehen. Wir befinden uns in einem hellen Dachzimmer von etwa fünfzehn Quadratmetern Fläche. Knapp vor dem Dachfenster zu meiner Rechten ist eine Staffelei, auf dem ein unvollständiges Ölgemälde steht. Seitlich davon sind mehrere Bilder an die Wand gelehnt. Farbtuben und Pinsel liegen auf einem Tisch. Ein Glas mit Wasser steht neben einem rostigen Behälter mit Terpentin. Zwei lange Pinsel mit gebogenen Borsten und ein farbenbekleckstes Tuch ragen über die Tischkante hinaus. Wir befinden uns in einem Raum, der gleichzeitig Schlafzimmer und Atelier ist. Die beiden Dachfenster sind bereits geöffnet. Leider zieht kein Wind hindurch, weil die Luft draußen wie drinnen steht.

»Die Nachbarn haben sie einige Tage nicht gesehen und uns gerufen«, sagt der junge Polizist zu uns. »Die Feuerwehr hat die Tür mit Doppelschloss aufgebrochen. Da haben wir sie hier gefunden. Die Frau ist etwa achtzig Jahre alt.«

Widerwillig sehe ich auf das Bett und auf die Leiche. Vom Anblick des unkenntlichen Gesichts allein hätte ich nicht sagen können, ob es sich um eine Frau oder einen Mann handelt. Mich überkommt ein Schauer. Das ganze Gesicht ist von einer pelzigen, graugrünen Schicht überzogen. Am Körper trägt sie ein fleckiges Nachthemd. Unter diesem lugen blass blaue Füße hervor. Das Gesicht der Leiche zieht meinen Blick wieder magisch an. Die pelzige, grüne Schicht ist eine große Fläche Schimmelpilz. Ich kann nicht erkennen, ob das linke Auge der Leiche offen oder geschlossen ist. Es ist unter der Schicht nicht zu sehen. Die weißen Haare, die ungekämmt über der Stirn liegen, kleben am Kopf. Sie verschwinden teilweise unter dem Schimmel und stehen in farblichen Kontrast zu seinem Graugrün. Ich presse leise meinen Atem hervor. Keiner von uns geht einen Schritt nach vorne. Mein Blick wandert vom Kopf weiter zum oberen Bettende und von dort zum kleinen, weißen Nachttisch. Auf ihm steht eine gläserne Schale mit Erdbeeren. Ihr natürliches Rot wird von einer braunen Fäulnis verdrängt. Darüber zieht sich der weiße Flaum eines anderen Schimmelpilzes. Mein Blick springt zwischen vergammelten Erdbeeren und verschimmeltem Gesicht hin und her. Beim Anblick des Zusammenspiels von fauligen Erdbeeren und verwesendem menschlichen Fleisch wird mir übel. Dazu die Hitze und die verdammte Mundatmung, durch die mein Rachen trocken und reizbar ist. Mein Magen rebelliert, und ich schlucke kräftig dagegen an. Ich wende meinen Blick von der Toten ab, aber weiß, dass es dadurch nur schlimmer wird. Dr. Bergmüller bespricht irgendetwas mit dem Polizisten, ich kann ihnen aber nicht folgen. Stattdessen gehe ich zum offenen Fenster und sehe hinaus. Ich ziehe die Luft durch die Nase und hoffe, dass mir nicht die Raumluft von hinten über die Schulter schleicht und mir wie ein stinkender Wurm in die Nase kriecht. Alles, was ich rieche, sind die Bäume und das Grün von draußen. Ich atme dreimal kräftig durch, ehe ich wieder durch den Mund atme. Ich frage mich, wie lange man in der Rechtsmedizin gearbeitet haben muss, bevor man gegen so etwas immun ist. Dann drehe ich mich entschlossen und beherzt herum und gehe zurück.

»Tja«, sagt Dr. Bergmüller langsam, »dann wird uns wenig übrig bleiben, als eine Leichenschau durchzuführen.« Er lächelt, aber es ist leicht zu erkennen, dass selbst einem Vollprofi wie ihm das Ganze keine Freude bereitet. Ich ziehe einen Mundwinkel hoch, um mich solidarisch zu zeigen. Wir nähern uns der Leiche. Ich würde am liebsten aufhören zu atmen, um nicht aufgewirbelte Schimmelsporen, die so trocken und bröselig auf dem Gesicht der Toten wachsen, zu inhalieren. Ich bin mir sicher, dass ich mich – sobald ich Schimmel schmecke - übergebe. Dr. Bergmüller knöpft das Nachthemd der Toten auf und schlägt die beiden Hälften zurück. Wir sehen jetzt auf einen weißen Körper mit langen blauen Linien, die sich in verschiedenartige Formen verästeln und am Bauch sehr prominent leuchten.

»Das sind Fäulniszeichen«, sagt Dr. Bergmüller sachlich. »Verstärkte Venenzeichnung.«

Ich weiß es, aber sage nichts, weil ich immer noch um Beherrschung meines Magens ringe. Ich bin froh, dass Dr. Bergmüller die Leiche untersucht und ich solange nichts zu tun habe, als mir das Ganze anzusehen. Er mustert die Haut gründlich, die in dem einfallenden Sonnenlicht besonders fahl aussieht. Er hebt eine Hand der Toten. Die Leichenstarre ist längst vergangen, so dass er die Hand problemlos vor sein Gesicht führen kann.

»Das Nagelbett ist blau. Auch ein Zeichen der Verwesung.«

»Hmmm«, mache ich und versuche, interessiert zu schauen. Ich hoffe, dass er die Hand nicht auf das Bett zurückfallen lässt und damit Schimmel aufwirbelt. Er legt sie glücklicherweise langsam neben den aufgedunsenen Körper. Der Arm schleift langsam an den schlaffen, weißen Brüsten vorbei, die am Rand des Körpers zu zerfließen scheinen.

Dr. Bergmüller beginnt nun am Kopf, die Stabilität der Knochen zu überprüfen. Ich sehe ihm an, dass er nur widerwillig den Kopf der Leiche mit seinen Händen umspannt. Seine Daumen liegen den Wangenknochen auf, während die übrigen Finger das Hinterhaupt stützen. Sein rechter Daumen verschiebt sich etwas, als er Druck auf den Schädel ausübt und hinterlässt einen Abdruck in dem grünen Schimmelflaum. Ekel überkommt mich, als ich sehe, dass der Schimmel vom Gesicht in den geöffneten Mund der toten Frau wächst. Die Lippen beschreiben eine nach oben gekrümmte Bogenform um den offen stehenden Mund, als hätten sie vor dem Tod ein letztes Mal nach Luft gerungen. Dr. Bergmüller setzt seine Arbeit am Thorax und schließlich am Becken fort. Viel schneller als bei den anderen Leichen, die er zuvor mit mir untersucht hat. Er prüft rasch die Beweglichkeit der Extremitäten und richtet sich dann auf, ohne den Blick von der Leiche abzuwenden.

»Ich fürchte, wir müssen sie jetzt noch einmal umdrehen«, sagt er und stößt hörbar Luft durch seine Nase. Dann sieht er mich nach einer kurzen Pause des Schweigens mit hochgezogenen Augenbrauen an. Ich nicke und versuche, möglichst indifferent zu wirken. Er greift nach dem unbekleideten Becken der Leiche, während ich ihre rechte Schulter packe. Ich bin so nah über das Gesicht der Toten gebeugt, dass meine Nasenspitze fast ihre berührt. Ich versuche mich auf etwas anderes zu konzentrieren und starre auf die Schrägwand, während wir die Leiche auf Dr. Bergmüllers Kommando zu uns zerren. Das Bett ist jedoch nicht breit genug, so dass wir die Leiche nicht umdrehen können, ohne dass der Körper über die Bettkante fallen würde.

»Sehen wir uns einfach die Rückseite an«, sagt Dr. Bergmüller. Ich blicke an der Schulter der Toten hinab auf das Bett.

Dort, wo das Gesäß gelegen hat, sind Reste von braunem, halb eingetrocknetem, halb matschigem Kot. Das Gesäß ist weit über die Pofalte hinaus damit bedeckt. Der Rücken ist von den alten Totenflecken weiß und violett gemustert. Ich beiße die Zähne zusammen und merke, wie mein Magen heftig rumort.

»Die Frau hat vor dem Tod noch eingekotet. Das ist ein häufiger Vorgang während der Agonie.«

Mir ist das jetzt herzlich egal, und ich sehe an Dr. Bergmüller vorbei aus dem Fenster, halte den Atem an und zähle ganz ruhig bis zehn. Bei acht sagt Dr. Bergmüller: »Soweit wir das in dem Zustand der Verwesung beurteilen können, hat es keine Gewalteinwirkung gegeben.«

Wir lassen die Leiche zurückrollen, wobei ich mich bemühe, die Schulter so langsam wie möglich in Richtung Bett zu bringen, um nicht Schimmel aufzuwirbeln. Als ich sie kurz vor dem Bettlaken loslasse, kippt der Kopf der Toten zur Seite und streift den Ärmel meiner Rettungsdienstjacke. Mich schaudert es, und eine neue Welle der Übelkeit kitzelt mich in meinem Rachen. Ich reiße mich zusammen, um mich nicht übergeben zu müssen. Ich fühle mich schweißgebadet, trete vom Bett zurück und hoffe, dass Dr. Bergmüller die Initiative ergreift, ein Stockwerk tiefer zu gehen. Er dreht sich zum Polizisten. »Gab es denn Zeichen des gewaltsamen Eindringens in die Wohnung?«, fragt er.

»Nein. Alle Fenster und Türen waren verschlossen.«

Die Feuerwehrmänner sind bereits verschwunden. Ich kann sie sehr gut verstehen und möchte ihnen am liebsten hinterherlaufen. Aber Dr. Bergmüller hat es nicht sonderlich eilig.

»Gut. Wir können eine nicht-natürliche Todesursache zwar nicht mit einhundertprozentiger Wahrscheinlichkeit ausschließen bei diesem Zustand der Leiche...«, er zog das letzte Wort in die Länge, »...aber wir haben überhaupt keine Hinweise darauf. Ich muss mit dem Hausarzt sprechen, ob der Tod mit einer Erkrankung, die zuvor bestanden hat, vereinbar ist.«

»Okay«, sagt der Polizist und greift nach dem Geländer der Wendeltreppe. Auch ihm ist es hier nicht behaglich. Wir folgen ihm die Stufen hinab. »Hast du schon eine sichere Identität?«, ruft er seiner Kollegin zu.

»Nein. Wir suchen noch«, kommt ihre helle Stimme zurück.

Endlich sind wir eine Etage tiefer im Wohnzimmer der Toten. Einer der Feuerwehrmänner zieht die Schublade eines alten Sekretärs auf, während die Polizistin den flachen Wohnzimmertisch durchforstet, auf dem sich Stapel von Dokumenten, Rechnungen, Briefe und Zeitschriften befinden.

»Haben Sie zufällig schon einen Hausarzt herausgefunden?«, fragt Dr. Bergmüller.

»Nein«, antwortet die Polizistin geistesabwesend, während sie weitersucht, »aber hier ist ihr privates Telefonbuch.«

Dr. Bergmüllers Augen leuchten. »Aha!«, ruft er laut, als wäre er ein Detektiv, der dabei ist, einen Fall zu lösen. Ich sehe mich im Wohnzimmer um. Für eine betagte Frau ist es modern und geschmackvoll eingerichtet. Die Antikmöbel und dezenten Pastellfarben der Sitzgarnitur um den Wohnzimmertisch passen gut zu dem hellen Teppich. Ich vergesse langsam die Szene im Stockwerk über uns und darüber hinaus meine Übelkeit. Sie flutet hin und wieder in flachen Wellen an und ebbt dann genauso schnell wieder ab. Ich atme das erste Mal wieder durch die Nase und merke, dass es hier völlig normal riecht. Ich schlucke kräftig, um meinen trockenen Rachen zu befeuchten und meinen Magen etwas zu beruhigen. »Kann ich beim Suchen helfen?«, frage ich unsicher.

»Immer«, murmelt einer der Feuerwehrmänner.

»Gut«, sage ich. »Ich müsste dann nur wissen, wonach!«

»Lichtbildausweis«, kommt die Antwort knapp.

Ich begebe mich im Wohnzimmer an das Regal, in dem nicht nur Bücher, sondern auch Stapel von Zetteln lagern und ziehe einen Stoß heraus. Nach den ersten Seiten fallen mir alte, vergilbte schwarz-weiß Fotos in die Hände. Auf einem ist ein junger Mann mit streng gescheiteltem Haar zu erkennen. Anhand der Kleidung vermute ich die Zeit der Aufnahme in den fünfziger Jahren. Ich drehe das Foto um. ‚Von deinem Albert in Liebe, 1948', steht dort in schwungvoller, altdeutscher Schrift. Auf zwei Fotos sind Szenen einer Hochzeit zu sehen und auf den folgenden Bildern Albert und eine Frau in den Bergen, wahrscheinlich bei einem Urlaub. Ich fühle ein unheimliches Schauern. Ich blättere durch das Leben einer Frau, die ich nicht kenne und sehe Szenen eines Lebens, das mich nichts angeht. Die abstoßende Leiche mit ihrem durch Verwesung unkenntlich gewordenen Gesicht erhält nun wieder eines und erwacht vor meinen Augen zum Leben.

Ich höre das Rumpeln und Scheppern von Besteckkästen aus der im Nebenraum gelegenen Küche, wo die Polizistin die Schränke durchsucht. Ich wende mich wieder meinem Stoß Papieren zu und blättere schnell weiter. Zwischen zwei alten Rechnungen aus dem Jahr 1979 über Strom und Gas - und ich wundere mich, dass die Bewohnerin gerade diese aufbewahrt hat - stoße ich auf einen Reisepass. Ich schlage ihn freudig auf. Von dem Passbild schaut mich eine Frau mit dunklen Locken und großer Hornbrille an. Um den Hals trägt sie eine Perlenkette. Die Lippen sind schmal und können sich nicht zwischen Ernsthaftigkeit und Lächeln entscheiden. Die Augen sehen wach und fast hypnotisierend aus.

»Ich habe hier einen Ausweis«, rufe ich und zeige ihn der Polizistin, die direkt auf mich zugelaufen kommt.

Sie begutachtet ihn mit abschätzigem Blick, schlägt ihn auf und kontrolliert den Inhalt. »Viel zu alt. Längst abgelaufen. Wir brauchen einen gültigen!«

»Den ich auch habe!«, kommt ein weiterer triumphierender Ruf von der Seite. Einer der Feuerwehrmänner wedelt mit einem Personalausweis.

»Super!«, ruft die Polizistin. Sie ist sichtlich erleichtert. Vermutlich, weil sie endlich diesen Ort verlassen kann.

Dr. Bergmüller sitzt vornüber gebeugt auf einer Couch, das kleine, lederne Telefonbuch der Toten auf dem flachen Tisch und fährt mit dem Finger die Seiten von oben nach unten durch. Ich räume zunächst den ganzen Stoß Papier wieder in das Regal ein, obwohl ich gerne mehr über die Frau und ihren Albert erfahren hätte.

»Ich habe mit der Nachbarin unten gesprochen. Die Frau hat keine Angehörigen mehr. Ich habe ihr gesagt, dass die Frau tot ist. Da sagt sie, die wäre auch ziemlich krank gewesen. Ständig beim Arzt und so«, sagt der Polizist.

»Und ich habe eine Telefonnummer von Frau Dr. Fahnenbruck«, ergänzt Dr. Bergmüller, den Finger auf einer Adresse. Dann sieht er sich suchend um.

»Was brauchen Sie?«, fragt die Polizistin.

»Hier unten gibt es wohl kein... Telefon?«

»Nein.«

»Dann...«, Dr. Bergmüller seufzt und sieht an die Decke, »...muss ich wohl noch mal da hoch.«

Keiner antwortet. Dr. Bergmüller nickt sich selbst zu, als müsse er seine Entscheidung unterstützen. Er geht langsam die Stufen hoch. Ich folge ihm nicht, höre ihn aber kurze Zeit später telefonieren.

»Hier Notarzt Bergmüller, ist die Frau Dr. Fahnenbruck mal zu sprechen? Ja..., ja..., hmmm.« Ich streife am Sekretär im Raum vorbei und schaue auf die eingerahmten Fotos, die auf ihm stehen.

»Hmmm, ja, Frau Auweiler, achtzigjährige Frau, tot aufgefunden in ihrer Wohnung ohne Zeichen des gewaltsamen Eindringens. Ich wollte etwas zu der Anamnese wissen, um eine Todesbescheinigung ausstellen zu können.« Pause. »Ja jetzt.« Er wartet auf eine Antwort. Ich strenge mein Gehör an, um alles mitzubekommen, ohne neben ihm und neben der Toten stehen zu müssen. »Nein, später kann ich Sie nicht anrufen, weil ich der Notarzt bin..., ja, mag sein, dass Ihre Praxis voll ist- Ich habe einen guten Vorschlag – Sie sind doch die Hausärztin. Dann sind Sie ja genau die richtige Person, um die Leichenschau durchzuführen. Wobei man sowieso nicht viel erkennen kann, weil die Leiche schon lange hier in der Hitze gelegen hat..., hmmm, ja gerne. Ach, Sie haben die Akte gerade vorliegen? So'n Zufall! Wunderbar..., hmmm..., in Ordnung, ja..., achso. Aha.«

Meine Augen fixieren eines der Fotos auf dem Sekretär ohne das Bild eigentlich wahrzunehmen. Es zeigt eine Frau mit Albert inmitten einer großen Wiese. Es ist ein altes Farbfoto, auf dem das Grün der Wiese nicht mehr satt wirkt, sondern gelb wie trockenes Stroh. Am Rande der Aufnahme schlängelt sich ein kleiner Bach durch die Idylle. Die Gesichter der beiden Personen schimmern blass, irgendwie transparent. Albert steht aufrecht und erhobenen Hauptes mit bestimmtem Blick zur Kamera. Er trägt ein grünes Poloshirt und eine kurze, graue Hose. Er ist vielleicht sechzig Jahre. Neben ihm die Frau, von der ich annehme, dass ihre leblose, alte Hülle eine Etage über mir liegt. Auf dem Foto trägt sie eine blaue Bluse und einen roten Rock. Sie blickt zu Albert auf, an dessen Schultern sie gerade einmal mit ihren Haarspitzen reicht. Trotz der verwaschenen Gesichtszüge vermeine ich, Bewunderung in ihren Augen zu sehen. Kein demütiger Blick, sondern ein stolzer verleiht ihr eine besondere Aura. Ihr Albert ist vielleicht seit langem weg, und sie hat sich mit ihrer Malerei alleine beschäftigt.

Hinter mir höre ich das Poltern von Schritten auf der Wendeltreppe. Zuerst erscheinen nur Dr. Bergmüllers schlaksige, lange Beine in der roten Rettungsdiensthose, dann folgen der Oberkörper und sein nach vorne gebeugter Kopf.

»Alles geklärt«, ruft er uns zu. »Die Patientin hatte einen Hypertonus und eine cerebrovaskuläre Insuffizienz. Außerdem hat sie ihre Tabletten nie genommen. Sie war wohl eine extrem schwierige Patientin – sagt ihre Hausärztin. Und die Hausärztin wiederum wollte erst gar nicht mit mir sprechen, weil sie keine Zeit hatte. Ich konnte sie dann aber doch überzeugen, am Telefon hilfsbereit zu sein«, er zuckt mit den Schultern, »vielleicht hätte sie das hier ja auch gerne übernommen.« Er reibt sich die Hände, über die er noch immer seine Handschuhe trägt.

»Dann können wir jetzt ruhigen Gewissens einen natürlichen Tod bescheinigen.«

Die Polizistin lächelt glücklich. Das erspart ihr eine Menge Arbeit.

»Wir geh´n dann mal«, sagt einer der Feuerwehrmänner und verabschiedet sich. Der andere nickt uns zu. Dr. Bergmüller und ich setzen uns an den Wohnzimmertisch. Er zieht eine Todesbescheinigung aus der Schreibunterlage und trägt die einzelnen Punkte ein. Ich sitze ihm gegenüber. Die Polizistin geht nun ebenfalls und grüßt uns. »Wir sichern nachher noch die Tür und rufen den Bestatter.«

»Danke«, sagt Dr. Bergmüller. Ich bin froh, fast fertig mit diesem Einsatz zu sein. Noch immer schwelt leichte Übelkeit in meinem Magen, gegen die ich jedoch jetzt nicht mehr ankämpfen muss. Es ist ja lediglich meine Psyche, versuche ich mir klarzumachen, aber Autosuggestion funktioniert im Moment leider nicht. Dr. Bergmüller unterschreibt alle Bögen und stempelt sie ab. Dann steckt er sie in graue und rote Umschläge. Er greift einen der offenen Umschläge mit seinen behandschuhten Händen und führt ihn vor sein Gesicht. »Hier stellt sich für mich immer die Frage...«

Ich sehe den Umschlag in seinen Händen und sein Gesicht dahinter und ergänze »...anlecken oder nicht!«

Er lacht, dass ich seine Gedanken erraten habe. »Genau. Was haben sich diese Schwachköpfe eigentlich dabei gedacht, diese Umschläge mit einer Gummierung zu versehen? Man hat doch immer...«, er betont das Wort ‚immer‘, »...vorher eine Leiche untersucht.«

Ich lache laut, was unheimlich in dieser stummen Wohnung

klingt. »Stimmt. Vor allem, wo Sie noch diese leckeren Handschuhe anhaben.«

Ungläubig starrt Dr. Bergmüller auf seine Hände. »Sie haben Recht. Die habe ich ja ganz vergessen!« Er verzieht angewidert das Gesicht und zieht die Handschuhlagen ab. »Jetzt aber nix wie raus hier!«

Verlassen des Einsatzortes 13:50
Einsatzende
Bereitschaftsstatus: 1

Jan saß auf der Motorhaube des NEF und sonnte sich. Als er uns sah, grinste er und rief: »Und, Spaß gehabt?«

»Geht so«, erwiderte ich.

Dr. Bergmüller war still, während Jan in bester Laune wie ein Wasserfall redete. »Nee, Bergi, bei dem Typ da im Garten – haste gesehen, wie ich dem die Nadel ´reingezimmert habe?« Er machte mit der rechten Hand eine schnellende Bewegung. »Zack – saß die drin!«

»Der hatte ja auch Venen wie Gartenschläuche«, sagte ich abfällig, um ihn zu ärgern.

»Jaja. Der hatte gute Venen. Hörma, ich war mal vor paar Monaten bei einem Patienten, der hatte super Venen.« Er machte eine Pause, um sich auf den Verkehr zu konzentrieren. »Auf jeden Fall hat der Notarzt achtmal...«

»Sag mal, wie geht´s eigentlich deiner Frau?«, unterbrach ihn Dr. Bergmüller abrupt.

Jan ließ sich nicht irritieren. »Also dieser Notarzt hat achtmal versucht, einen Zugang zu legen. Achtmal!«

»Und den Kindern? Alles bestens?«, unterbrach Dr. Bergmüller ihn wieder.

Jan lachte. »Du brauchst gar nicht abzulenken. Dann habe ich einmal...«, er machte diesmal eine bedeutungsvolle Pause, »...einmal zugestochen. Zack – saß die, wie ´ne Eins!«

Dr. Bergmüller zuckte die Schultern. »Kann doch mal passieren. Ich war halt nicht in Form.«

Kurze Zeit später erreichten wir unser Klinikum. Dr. Bergmüller und ich gingen vor, weil Jan den Medikamentenkoffer und das Ampullarium überprüfen musste. Als wir zur Innentür der Garage kamen, hörten wir eine Stimme. »Na, war wohl wieder nix!«

Wir drehten uns um. Ein Verwaltungsangestellter stand in der Ecke und rauchte eine Zigarette. Dr. Bergmüller blickte fragend. »Was war nix?«

»Sie fahren immer raus zu irgendwelchen Einsätzen, aber uns bringen Sie fast nie Patienten mit!«, rief er gespielt vorwurfsvoll.

Dr. Bergmüller hob die Hände entschuldigend. »Sie haben Recht. So eine Patientin wie die letzte bringe ich nächstes Mal gerne für Sie persönlich mit!«

»Na sehen Sie!«, antwortete der Verwaltungsmann und zog genüsslich an seiner Zigarette.

Dr. Bergmüller zwinkerte mir verschwörerisch zu. »Die hätten wir ihm dann in sein kleines Verwaltungsbüro gelegt!«

Ich lachte, während wir den Aufenthaltsraum betraten. Ich erledigte einige Telefonate und setzte mich danach in das Dienstarztzimmer. Ich zählte im Kopf wieder meine relevanten Einsätze nach und sah auf die Uhr. Ich hatte noch etwa viereinhalb Stunden, um noch zweimal Leben zu retten. Sonst musste ich mich darauf verlassen, dass am Christopher Street Day doch mehr passierte, als nur besoffene Leute von der Straße zu räumen. Die nächste Zeit verbrachte ich ruhig, bis endlich...

PIIIEEEP
PIIIEEEP
PIIIEEEP
»Bereitschaftsalarm«
»Bereitschaftsalarm«

Einsatz Nr. 1477
Freitag im Juni / Alarmzeit: 18:30
Einsatzort: Wohncenter
Bereitschaftsstatus: 2

»Wo geht´s denn hin?«, frage ich über das Piepen unserer Funker hinweg. Dr. Bergmüller sieht auf sein Funkerdisplay. »Wohncenter.«

»Da ist sicher jemand von Kakerlaken aufgefressen worden«, vermute ich, weil das Wohncenter nicht gerade für seine Sauberkeit bekannt ist.

»Oder einem Studenten ist ein Billy-Regal auf den Kopf gefallen«, antwortet Dr. Bergmüller.

Wir steigen in den Wagen und fahren los. Jan gibt Vollgas und biegt mit quietschenden Reifen in die Zöllerstraße ein. Die Strecke zum Wohncenter ist sehr kurz. Aus der Ferne ist das Gebäude schon zu erkennen. Es ist eines der größten Hochhäuser der Stadt. Der Klotz wurde in den siebziger Jahren gebaut. Relikte sind Markisen in Fehlfarben und betongraue Wände. Ich bin froh, dass die Stadt nicht den Fehler gemacht hat, mehr von dieser Sorte Bunker errichtet zu haben. Wir treffen auf dem Parkplatz mit Feuerwehrzufahrt ein und haben keine drei Minuten seit der Alarmierung gebraucht. Ein RTW ist nirgendwo zu sehen. Wir laufen zum Eingang. Nach ein paar wenigen Stufen stehen wir vor einem Pförtnerhäuschen.

»Ein Herr Dürnberger hat einen Notarzt gerufen«, sagt Dr. Bergmüller ruhig aber bestimmt.

Der Pförtner sieht uns an und kramt in einem Buch herum. »Moment«, sagt er und rückt seine Lesebrille zurecht. Er fährt mit dem Zeigefinger über eine Seite und sagt dann endlich: »Der wohnt in Appartement 83, Etage 23, lila Gang.«

‚Lila Gang?‘, frage ich mich. Jan hat bereits den Fahrstuhl bestellt. Die Türen öffnen sich. Ein junger Mann will mit uns einsteigen. Jan verwehrt ihm den Eintritt. Wir warten, bis sich die Tür nach über zwanzig Stockwerken Fahrt in diesem rumpelnden, muffigen Fahrstuhl öffnet. Wir treten in einen finsteren Flur, der sternförmig in mehrere Richtungen verläuft. Ich habe keine Ahnung, wo wir hinlaufen müssen und öffne wahllos eine Glastür, die in einen der Gänge führt. Die Appartementnummern scheinen nicht zur gesuchten Wohnung zu führen. Dr. Bergmüller ist mir gefolgt, weil er davon ausgeht, ich wüsste, wohin ich laufe. Jan ruft uns durch die sich schließende Tür etwas zu. Wir laufen zurück.

»Wo wollt ihr hin?«, fragt er uns spöttisch. »Hier geht´s nach ‚lila'!« Ich werde langsam unruhig, weil wir viel zuviel Zeit verschwenden, dieses hässliche Gebäude zu erkunden. Minuten, die wir verlieren, dem Patienten helfen zu können. Wir laufen jetzt in dem dunklen Gang von Tür zu Tür und kontrollieren die Appartementnummern. Jan geht auf der anderen Seite des Gangs und klopft an eine der Türen. Sie wird aufgerissen. Vor ihm steht ein junger Mann mit braunen, langen Locken und hagerem Gesicht.

»Kommen Sie ´rein«, sagt er und macht eine fahrige Handbewegung. Wir treten in den winzigen Vorraum, der direkt in ein kleines Zimmer führt. In der linken Ecke steht ein Bett, auf dem ein junger Mann mit ausgestreckten Armen schlapp daliegt und nur schwach seinen Kopf hebt. Eine blonde Tolle fällt ihm in die Stirn.

»Was ist passiert?«, fragt ihn Dr. Bergmüller.

»Ich habe letzte Woche die Mandeln herausoperiert bekommen«, erzählt er uns in etwas gestelztem Hochdeutsch, »und nun blutet es im Rachen.« Er lässt seinen Kopf schlaff auf das Kissen zurücksinken.

»Er hat es eben gemerkt, als er ins Bad gegangen ist«, ergänzt der hagere Mann, der jetzt neben uns steht und besorgt guckt.

Hinter uns hören wir Schritte. Das Team vom RTW trifft ein.

Es sind die beiden Schränke, mit denen wir schon heute Morgen zusammengearbeitet haben.

»Na, kommt ihr hier auch mal dazu?«, provoziert sie Jan.

»Scheiß Wohnung nicht gefunden«, brummt der RA. Dr. Bergmüller greift sich eine Lampe aus unserem Rettungskoffer und leuchtet dem Patienten in den Rachen. »Hmmm«, sagt er, »im Moment blutet da nix.«

»Blutdruck 140 zu 80, Puls ist 104.«

»Okay«, sagt Dr. Bergmüller. »Wo sind Sie denn operiert worden?«

Der Patient hält den Handrücken auf die Stirn und spricht mit gepresster Stimme. »In der Hals-Nasen-Ohren-Klinik.«

»Schon klar. Hier im Klinikum?«

»Ja.« Dann verstummt er wieder.

»Gut. Dann fahren wir Sie da gleich hin. Die sollen sich das ansehen.«

Der Patient seufzt schwach.

Wir warten auf den RA, der den Stuhl holen soll und langweilen uns. Jan starrt auf den Boden, ich gähne laut, und Dr. Bergmüller füllt das Einsatzprotokoll aus. Dann endlich kommt der Rettungsassistent. Theatralisch hievt sich der junge Mann unter Stöhnen aus dem Bett. Fünf Minuten später sind wir am RTW.

Die beiden Schränke nehmen den Patienten mit, ohne dass wir mitfahren müssen.

»Das war der sterbende Schwan«, sagt Dr. Bergmüller zu mir, als der RTW abfährt.

»Ich möchte mal wissen, warum er uns überhaupt gerufen hat«, wundere ich mich, während wir ins NEF einsteigen.

»Um euch Pfeifen das Wohncenter zu zeigen«, knurrt Jan und tritt auf das Gaspedal.

Verlassen des Einsatzortes 18:50
Einsatzende
Status: 1

Dr. Bergmüller räusperte sich hinter mir. »So, dann geben Sie mir mal bitte Ihren Funker!«, sagte er dann in ruhigem Ton.

Ich sah ihn zunächst irritiert an. »Wieso?«

»Wir haben fünf nach sieben. Oder wollen Sie hier noch alleine weitermachen?«

Ich reichte ihm den Funker und sagte: »Tja, dann möchte ich mich ganz herzlich bedanken. Es war wirklich super!«

»Ich weiß«, antwortete er mit einem Lächeln auf den Lippen. »Ich hoffe, Sie haben auch etwas gelernt!«

Ich grinste. »Eine ganze Menge. Zum Beispiel, wo das EKZ Süd liegt, wie man mit Polizisten, Rettungsassistenten und Feuerwehrleuten umgeht und wieviel eine Leichenschau bei Ihnen kostet.«

Er lachte. »Na sehen Sie, das sind ja auch genau die wichtigen Dinge, auf die es ankommt!«

Jan trat zu uns, klopfte mir mit seiner breiten Hand auf die Schulter und sagte: »Er hat sich ja auch nicht ganz so doof angestellt. Zugänge legen kann er ja.«

»Also, ich wollte euch auch sagen, wieviel Spaß mir das alles gemacht hat. Vielen Dank für alles. Vielleicht haben wir ja mal wieder die Gelegenheit….«

Jan hob die Hand. »Man erkennt direkt, dass du Internist bist.«

»Woran?«

»Du redest zuviel.«

Ich sammelte meine Sachen ein und ging zuletzt an den Behandlungsräumen vorbei, um den beiden Krankenschwestern der Spätschicht für die Woche zu danken. Sie sahen mich leicht entgeistert an, freuten sich dann aber über die Geste.

»Bedankt hat sich hier noch niemand! Höchstens beschwert«, sagte Sabine ironisch.

Ich verließ die Notaufnahme, schlurfte über den Gang und lehnte mich im Fahrstuhl an die Wand und drückte die Taste der Stationsetage. Erst jetzt bemerkte ich, wie erschöpft ich von diesem Tag war. Der Aufzug rumpelte, und ich schloss die Augen. Sofort hatte ich das Bild der toten Frau mit den verfaulten Erdbeeren vor mir. Ich öffnete meine Augen wieder und starrte in das unwirkliche Neonlicht an der Fahrstuhldecke, bis die Türen, begleitet von einem Gong, den Weg freigaben. Ich ging in das Arztzimmer meiner Station. Meine Kollegen hatten es anscheinend geschafft, vor sieben Uhr fertig zu werden, obwohl sie mit Sicherheit wieder einige Überstunden gemacht hatten, die ihnen nie bezahlt werden würden. Ich konnte verstehen, dass sie keine Lust mehr gehabt hatten, hier auch noch aufzuräumen. Hielt man sich im Arztzimmer länger auf als nötig, bekam man am laufenden Band neue Aufgaben von Schwestern und Patienten. Ich ließ mich auf einen der Stühle fallen und rief meine Freundin an, um ihr zu sagen, dass ich jetzt nach Hause käme. Sie war nicht da, so dass ich vermutete, dass auch sie noch in ihrer Klinik war. Manchmal nervte dieser Job ganz gewaltig. Ein Privatleben, soweit man es als solches bezeichnen wollte, kochte auf Sparflamme. Patienten und Angehörige, die mich und meine Kollegen noch um sieben Uhr auf dem Gang abfingen, um uns in langwierige Gespräche zu verwickeln, waren oft ein Klotz am Bein. Ich fragte mich, was die sich dann wohl dachten. Ob wir alle Mutter Theresa spielen wollten und zu Hause nicht Familie und Freizeit auf uns warteten? Wussten sie nicht, dass wir auch nach Hause wollen? Natürlich hatte ich Verständnis, weil sie aus Angst um sich oder ihre Angehörigen in jeder Minute den Kontakt zum Arzt suchten. Sie benötigten Rat, Trost oder Ablenkung. Nur war irgendwann mal Schluss. Ich war an einem Punkt angekommen, an dem ich anfing, mich selbst zu schützen. Schutz vor zuviel Patient, zuviel Krankheit, zuviel Chefarzt und zuviel Pflegepersonal. Diese spezielle Woche, in der ich etwas vom Beruf Notarzt gelernt hatte, war wie ein Urlaub von der Galeere meiner Station gewesen, und ich fieberte nicht gerade auf den Arbeitsbeginn am Montag hin. Ich freute mich auf meine Kollegen, mit denen ich eine Menge Spaß hatte, aber die erschöpfenden Arbeitstage vermisste ich nicht. Zum Glück war der nächste Montag noch in weiter Ferne. Und am übernächsten Tag würde ich ja hoffentlich noch weitere Einsätze mit Andreas auf dem Christopher Street Day erleben können.

Städtisches Klinikum
Sonntag, 09:50 Uhr im Juni

Der Himmel war wolkenlos, und die Sonne brannte auf meinen Armen. Ich trat in die Haupthalle der Klinik, die sich dank der vielen Fenster kräftig aufheizte. Sonntags hatte die Klinik etwas beruhigend Langsames in der sonst so geschäftigen Atmosphäre. Keine hektisch laufenden Ärzte, keine Bettentransporte und – im Moment – noch kein überfülltes Wartezimmer in der Notaufnahme. Der erste Ton an diesem Morgen wurde von der elektrischen Schwingtür verursacht. Als die Tür hinter mir leise schnaufend zufiel, war es wieder still. Andreas saß zusammen mit einem Rettungsassistenten im Aufenthaltsraum und hob die Hand als er mich sah. »Morgen!«

Ich stellte mich Thorsten vor, dem RA für den Tag. Er war von schmächtiger Statur und trug etwas längere, in der Mitte gescheitelte Haare. Seine Hautfarbe war blass, und das Gesicht wirkte spitz und kantig, was durch die hohen Wangenknochen noch betont wurde. Auf der Straße hätte ich Thorsten nicht für einen Rettungsassistenten gehalten, sondern vielmehr für einen Informatiker, dessen einzige Lichtquelle am Tag der Computermonitor ist. Trotzdem war sein Blick durchdringend und sicher.

»Wir haben ja noch ein bisschen Zeit«, sagte Andreas zu mir. Dann wandte er sich wieder an Thorsten. »Auf jeden Fall sah ich, wie dieses Mädchen schon losrennen wollte und hab sie in dem gleichen Moment hier oben – am Kragen – gepackt.« Er griff mit seiner großen Hand in die Luft. »Im gleichen Moment – wusch – kam der LKW. Die wär′ so platt gewesen wie nur irgendwas. Dann habe ich mir die Mutter erstmal vorgenommen. Was ihr denn einfällt, ihr Kind unbeaufsichtigt über die Straße laufen zu lassen. Da wurde die noch richtig pampig.« Er schüttelte verärgert den Kopf. Thorsten lachte und entblößte etwas schiefe, aber weiße Zähne. »Krass!«

Andreas erhob sich und nahm seine Notarztjacke, die über dem Bürostuhl hing, um sie anzuziehen. Er hatte die Ärmel, die mit Reißverschlüssen befestigt waren, abgetrennt, so dass er sie als Weste mit dem Rückenaufnäher ‚Notarzt' trug. Mit ihr und den herausragenden, massigen Armen sah er aus wie ein Cowboy. Es fehlten nur noch die zurück schwingenden Saloontüren, um das Bild perfekt zu machen. Er packte sich ein Ampullarium unter den Arm. »Okay, los geht´s.«

Wir fuhren zum Alten Steinweg und parkten an der Straße kurz vor einer Kreuzung hinter einem Einsatzfahrzeug. Neben uns befand sich ein hohes Gebäude mit einem großen, gesicherten Zaun. Ich kniff die Augen gegen die Sonne zusammen und konnte ein Schild am Eingang entziffern: ‚Rathaus'. Das Einsatzfahrzeug, hinter dem wir geparkt hatten, sah aus wie ein Militärlaster. Ein großer, grauer Wagen mit Treppen, die zum Eingang am Wagenende führten. Neben dem Wagen ragte eine Antenne drei bis vier Meter in die Höhe, die sich am Ende in vier Spitzen aufästelte. Der Wagen war unter einer Buche geparkt, die kühlenden Schatten spendete. Andreas und Thorsten begrüßten einen kleinen, untersetzten Mann Mitte vierzig, der aus dem Militärlaster stieg.

»Was sagt ihr zu unserem ELW?«, fragte er uns.

»Den Einsatzleitwagen kennen wir doch von letztem Jahr noch«, maulte Andreas.

Der Mann ließ sich nicht irritieren. »Wir haben eine neue Funkanlage bekommen. Die sieht man natürlich nicht von außen. Hat aber Vorteile.«

Ich ging zu ihm und stellte mich vor. Er schüttelte mir die Hand und sagte: »Ich bin der Einsatzleiter, Reisinger mein Name.« Er drehte sich zum Einsatzleitwagen. »Monika? Haben wir noch drei Lagepläne?«

Monika, eine stämmige, junge Frau mit langen braunen Haaren, die zum Zopf gebunden waren, zählte von einem Stapel drei Seiten ab und reichte sie Herrn Reisinger, der sie gleich an uns weiterreichte.

»Wir sind jetzt hier«, sagte er und deutete auf einen Punkt, der rot markiert war. »Also, zunächst einmal ist der CSD dieses Mal noch größer als in den letzten Jahren«, begann er gewichtig, »der Zug beginnt um zwölf Uhr in der Augustusstraße und endet an der Märkischen Straße. Da, da und da sind die UHS und hier KTW und RTW.« Er zeigte uns Stellen, die auf dem Lageplan eingezeichnet waren. »Hier ist noch eine zusätzliche UHS, die sieht man aber hier nicht auf dem Blatt. Die steht direkt bei uns.« Er deutete mit der Hand in Richtung Augustusstraße. Auf halber Strecke stand ein militärisch aussehendes, kleines Zelt mit grauem Planendach, das mich an ein provisorisches Lazarett erinnerte.

»Was ist eine UHS?«, warf ich ein.

»Unfallhilfsstelle. Das ist der Ort der Primärversorgung. Hier sind freiwillige Helfer, die also nicht unbedingt viel Ahnung von Medizin haben, aber eine erste Anlaufstelle für Verletzte bieten. Sie alarmieren die ELZ über Funk, die uns dann zur betreffenden UHS schicken. Ich nehme mal an, wir werden bei dem Wetter heute einige Patienten mit Hitzschlag haben. Mal sehen, was der Tag so bringt.«

Ich trennte mich von der Gruppe, weil noch nichts los war. Die Musik, entweder ‚House' oder ‚Techno', wurde lauter, als ich mich den Ständen näherte. Der Zustrom der Massen begann. Ich ließ den Blick über die Menschen schweifen, die sich hier versammelten. Die meisten sahen recht normal aus, aber hier und da fanden sich auffallende Gestalten. Transvestiten in kreischend pinkfarbenen Kleidern mit weißen Perücken und einer dicken Schicht Make-up im Gesicht und muskulöse Männer mit kahl rasierten Köpfen in Lederklamotten. Vor mir ging ein Mann mit etwa acht Ohrringen und einer Jeans, die den Hintern freigab. An mir liefen zwei Frauen mit grün-braunen Tarnanzügen vorbei. Sie hatten sich die Haare kurz geschoren und waren ungeschminkt. Ihre Beine steckten in hohen Springerstiefeln. Der CSD hatte sich, begründet in New York und in zahlreichen Städten kopiert, von einem kleinen Marsch durch die Stadt mit Kundgebung von ein paar hundert oder weniger Homosexuellen zu einer riesigen Veranstaltung für die ganze Familie entwickelt. Wie bei einem Karnevalszug oder bei der Love Parade fuhren hier bunt geschmückte Wagen durch die Stadt. Anstatt Bonbons flogen hier jedoch Kondome von den Wagen. Immerhin war davon auszugehen, dass zumindest die Mitarbeiter und Veranstalter dieses Riesentrubels schwul oder lesbisch waren, so dass der Name ‚CSD' trotz der Überzahl der Heterosexuellen berechtigt war.

Ich sah nur gut gelaunte Menschen. Die meisten strahlten, wippten zur Musik oder unterhielten sich angeregt. Die letzten Tage waren mild gewesen, verglichen mit dem Backofenklima, das uns alle umgab.

Am ELW zurück, hörte ich Herrn Reisinger sagen: »Bisher isses ja absolut ruhig.«

»Die müssen sich alle erst noch kräftig einen antrinken«, sagte Andreas grinsend. »Dann geht´s richtig los.«

»Letztes Jahr hatten wir direkt um halb elf den ersten Einsatz. Und zwar einen richtigen. Das war der Idiot, der total blau rückwärts mit dem Kopf auf einen Begrenzungspfeiler gestürzt ist. Schädelbasisbruch.«

»Jo«, sagte Andreas langgezogen und wiegte den Kopf, »der hatte dann nicht mehr soviel Spaß.«

Leicht bekleidete Leute zogen an uns vorbei. Viele Männer gingen mit freiem Oberkörper und einige Frauen trugen nur ihren BH oder ein Bikinioberteil. Weiter entfernt lief eine ‚Drag Queen', also ein mit viel Glanz und Glitter als Frau verkleideter Mann.

Monika lehnte sich aus dem Wagen und teilte uns mit, dass wir mal zum UHS 1 gehen sollten, unsere Hilfe werde benötigt.

Andreas ging cowboymäßig voran, gefolgt von mir und einem der RAs, der sich langweilte und jetzt etwas sehen wollte.

An der UHS begrüßte uns eine mit einem Schild als freiwillige Helferin ausgewiesene ältere Frau.

»Es geht um diesen Mann hier«, sagte sie. Neben ihr stand ein Dreißigjähriger, der bis auf einen schwarzen Slip und einen hohen Lackstiefel am rechten Bein nackt war. Der zweite Lackstiefel lag neben ihm auf dem Boden. Auf einem Oberarm prangte die Tätowierung einer Rose.

Er sah uns unsicher an und erklärte: »Ja, ich habe hier etwas am Fuß.« Er beugte das linke Knie und unterstützte den Fußrücken mit der rechten Hand, so dass wir auf die Ferse sehen konnten. Knapp oberhalb, auf der Haut über der Achillessehne, leuchtete eine walnussgroße rote Schwellung mit gelbem Eiterpunkt. »Das tut total weh«, sagte der Mann.

»Das kann ich mir vorstellen«, antwortete Andreas. »Sind Sie Diabetiker?«

»Nein.«

»Sind Sie HIV positiv?«

»Nein.«

»Wie lange haben Sie das schon?«

»Weiß ich nicht. Ich habe es heute Morgen gemerkt, als ich mir die Stiefel anzog. Aber da habe ich die Zähne zusammengebissen. Jetzt halte ich es nicht mehr aus.«

»Sie haben einen Abszess. Das muss sich ein Chirurg ansehen und das Ding eröffnen. Sie können direkt mit einem unserer Rettungswagen zum Krankenhaus gefahren werden. Da sollte man nicht zu lange warten.«

Der Mann sah an sich herunter und lachte. »Sie glauben doch nicht im Ernst, dass ich so...«, er machte eine Handbewegung an seinem Körper herunter, »...in irgendeine Klinik fahre.«

»Ach, dann hätten die doch auch ´was vom CSD«, sagte ich.

Er schüttelte vehement den Kopf. »Nee. Also, nichts zu machen!«

»Kann ich Ihnen einen guten Rat geben?«, fragte Andreas rhetorisch und fuhr direkt fort, »fahren Sie nach Hause, ziehen

Sie sich um und fahren sie selbst in die Klinik. Mit so einer...«, er zeigte mit dem Finger auf das Bein des Patienten, »...Infektion sollte man nicht lange warten. Wenn die Bakterien in die Blutbahn geraten, werden Sie Probleme bekommen!«

»Nee. Ich wollte das ganze Jahr hier auf den CSD gehen, davon werde ich mich jetzt bestimmt nicht abhalten lassen.«

»Gut. Ich habe Ihnen meinen ärztlichen Rat gegeben. Theoretisch könnten Sie an so einer Infektion auch sterben.«

Der Mann winkte ab. »Jaja. Sie müssen das ja sagen.«

»Nein. Ich meine das ernst.«

»Okay. Vielen Dank für Ihre Hilfe.« Der Mann nahm sich seinen Stiefel und verschwand in der Menge.

Andreas schüttelte den Kopf. »Wie kann man nur so unvernünftig sein?«

»Also, in einem stimme ich mit ihm ja völlig überein. So wäre ich auch nicht in die Klinik gefahren!«, antwortete ich.

Wir gingen zurück zur ELZ und stellten erfreut fest, dass Mitarbeiter des ASB einen großen Topf Erbsensuppe geliefert hatten. Jeder nahm sich einen bis zum Rand gefüllten Teller, dazu Brot und Salat. Mir war heiß, und ich war mir sicher, dass ich schon einen Sonnenbrand auf der Nase hatte. Mein Gesicht war aber nichts gegen Andreas Kopf, der wie eine Tomate glühte. Andreas hatte die gesamte Zeit in der prallen Sonne gestanden, während ich häufig den kühlen Schatten gesucht hatte.

Wir konnten eine Kundgebung von einer entfernten Bühne über die Gleichberechtigung der Homosexuellen in unserer Gesellschaft hören. Ich saß auf einer Bierbank im Schatten und hätte mich jetzt am liebsten hingelegt, um zu schlafen. Mein Blick fing zwei Frauen ein, die sich uns aus der Richtung der Toilettenwagen näherten. Die eine war deutlich größer als die andere und lief auf extrem hohen Stöckelschuhen. Sie trug ein weißes, bauchfreies Top und einen weißen Minirock, während die Frau an ihrer Seite schlicht mit T-Shirt und Jeans bekleidet war. Schon aus der Entfernung von zwanzig Metern konnte ich erkennen, dass die große Frau tatsächlich ein stark geschminkter Mann mit langer, roter Perücke war. Nach weiteren zehn Metern war es offensichtlich, dass er lange, nach oben gebogene, falsche Wimpern angeklebt hatte. Der Mund war grotesk mit Lippenstift überzeichnet. Wir hatten alle ein Lächeln auf den Lippen, als er sich mit seiner Begleiterin vor uns aufbaute. Er schien sich jedoch sehr ernst zu nehmen.

»Entschuldigung«, dröhnte er in hochgestellter Falsettstimme und ließ dabei seine rechte Hand von dem ausgestreckten Unterarm nach vorne fallen. »Haben Sie zufällig eine Imodium?«

»Nee«, sagte Andreas, der neben mir auf der Bierbank saß, »haben wir leider nicht da.«

Der Mann verdrehte die Augen und wischte sich mit dem Handrücken über die Stirn. »Ich brauche das ganz dringend. Ich war schon zehn Mal auf Toilette.«

Einer der RAs sprang ein: »Da drüben sind Toilettenwagen!«

»Was meinen Sie, wo ich gerade herkomme?« Der Mann stemmte einen Arm in die Hüfte. Seine Begleiterin sagte gar nichts.

»Dann gehen Sie doch zu einer Apotheke!«

»Ja, es ist Sonntag, junger Mann, da hat doch keine Apotheke auf!«

»Doch, es gibt ´ne Notfallapotheke. Da müssen Sie aber etwa fünfzehn Minuten zu Fuß gehen.«

»Neeeeiiin«, stöhnte der Mann, »das kann ich nicht. Gucken Sie mal, was für Schuhe ich anhabe! Damit gehen Sie keine hundert Meter.«

Jetzt lehnte sich Herr Reisinger aus dem Funkwagen, der neben Monika Platz genommen hatte. »Wie wär´s denn mit ´ner Banane?«

»Habe ich heute morgen schon gegessen!«, sagte die Transe und blickte hilfesuchend in die Runde.

»Nicht essen, hinten reinstecken!«, antwortete Reisinger und lachte.

»Du dumme Schlampe!«, schrie die Transe, wobei er nicht eine Sekunde seine Stimme nach unten gleiten ließ und drehte sich auf dem Absatz um. »Komm Lisa, wir gehen!« Dann tippelte er davon.

Alle lachten. Ich musste vor allem über Herrn Reisinger lachen, weil er so gekränkt aussah. Ich glaube, ‚du Vollidiot!' hätte ihn sicherlich weniger irritiert.

Die Zeit verging, und wir sahen noch einige mehr oder weniger medizinisch dringliche Fälle. Ich suchte den kühlen Schatten unter der großen Buche. Es bestand kaum Luftbewegung, und die Hitze nahm nun im Nachmittag eher zu. Die Luft war zu heiß zum Atmen. Sie roch sommerlich, obwohl ihr der Geruch von Dreck und Abgasen einer Großstadt beigemischt war. Andreas hatte sich seine Weste mittlerweile ausgezogen. Sein Kopf sah noch immer aus wie eine Tomate. Jetzt allerdings wie eine holländische Wassertomate, weil sein Kopfumfang zugenommen zu haben schien. Das T-Shirt klebte an seinem Rücken, und er fächelte sich mit einem Pappteller Luft zu. Der Menschenstrom hatte abgenommen, so dass ich vermutete, dass jeder ein Plätzchen für sich gefunden hatte und dort in der Hitze verharrte. Ich wusste nicht einmal, ob der CSD-Umzug noch in Aktion war. Herr Reisinger kam aus dem Funkwagen und rief zu Andreas: »Wir haben einen Einsatz. An der UHS 4. Da ist ein Kind umgekippt.«

Einsatz Nr. 1/CSD
Sonntag im Juni / Alarmzeit: 15:48
Einsatzort: UHS 4, Augustusstraße
Bereitschaftsstatus: 2

Wir öffnen die Türen des NEF und steigen ein. Thorsten, schaltet die Sirene ein, und ich merke jetzt den Unterschied zwischen diesem Auto und dem neuen NEF. Die Sirene ist auf dem Dach und nicht unter der Stoßstange montiert, so dass wir im Innenraum des Wagens kräftig beschallt werden.

»Weißt du, wo wir hinfahren?«, fragt Andreas und strengt seine Stimme an, damit Thorsten ihn hört.

»Jaja. Wir fahren jetzt geradeaus und dann einmal links und dann rechts, dann sind wir schon da«, antwortet er ruhig, während er uns einen Weg durch die Menschen bahnt. Die Sirene verhilft uns nicht nur, gehört zu werden, sondern verursacht den Leuten sichtlich physischen Schmerz. Die meisten halten sich die Ohren zu und gehen schleunigst aus dem Weg. Manche bücken sich dabei oder drehen ihren Kopf zur Seite, um den Schallwellen zu entkommen. Wir bewegen uns im Schritttempo vorwärts und müssen anhalten, weil ein betrunkener, älterer Herr vor unserem Auto steht. Er lächelt den einhundertdreißig Dezibel freundlich entgegen und haut mit seiner flachen Hand vor Begeisterung auf die Motorhaube. Ein Passant neben ihm löst sich von seiner Partnerin und zieht den Mann von unserem Auto weg. Die nächste Seitenstraße ist fast leer, und die wenigen Menschen machen uns schnell platz, so dass wir jetzt vor der Augustusstraße stehen, und ich mich frage, wie wir diese jemals überqueren sollen. Die Masse weicht zum Glück bereitwillig und zügig unserem Wagen. Ein Kind fängt an zu weinen und presst sein Gesicht an den Oberschenkel seiner Mutter. Eine tanzende Frau, die ein Batik-T-Shirt trägt, sieht mich genervt an. Wahrscheinlich stören wir ihre tänzerische Ekstase. Ein paar Sekunden vergehen, ehe wir zum Wagen der UHS 4 rollen und aus dem NEF springen. Andreas steigt über das Treppchen in die UHS. Im Dunkeln sind drei Personen auszumachen. Ein älterer, glatzköpfiger Mann mit weißem, gestutztem Bart, eine besorgt aussehende Frau und ein blonder Junge, der auf einer ausgeklappten Pritsche liegt. Der Mann, ein freiwilliger Helfer, begrüßt uns mit leicht zittriger Stimme und sagt dann: »Der Junge ist auf der Straße umgekippt. Da haben wir ihn hier reingetragen und Sie verständigt.«

»Puls und Blutdruck!«, fordert Andreas knapp. Der Junge sieht mich von seiner liegenden Position neugierig an, indem er den Kopf etwas hebt. Ich lächle ihm zu. Der Schweiß steht ihm auf der blassen Stirn.

»Hast du irgendwelche Schmerzen oder bist du irgendwo drauf gefallen?«, fragt Andreas.

»Nein.«

»Wie alt bist du?«

»Zwölf.«

»Weißt du, wo wir hier sind?«

»Ja. In der Stadt«, antwortet der Junge.

»Und wie heißt du?«

»Tim.«

»Welcher Wochentag ist denn heute?«

»Sonntag!« Der Junge freut sich anscheinend, dass er dem großen, kräftigen Arzt helfen kann, sich hier etwas zu orientieren.

»Gut. Sind irgendwelche Vorerkrankungen bekannt?«, fragt Andreas die Mutter. »Herzerkrankungen, Diabetes, Allergien?«

»Nein. Nichts dergleichen.« Die Mutter sieht besorgt aus, als sie die Liste der Krankheiten hört.

»War er bewusstlos?«

»Ja. Er war so...«, die Frau überlegt, »...na, vielleicht eine halbe Minute weg.«

»Der Blutdruck ist 100 zu 60«, sagt der ältere Mann.

»Und Puls?«

»Den habe ich noch nicht«, antwortet er entschuldigend und greift nun das Handgelenk des Jungen.

Andreas lässt sich von Thorsten eine Infusionsnadel geben. »Ich muss dich jetzt einmal pieken!«, erklärt er dem Jungen und legt ihm den Stauschlauch um den rechten Arm.

Andreas ist nervöser als der Junge. Er schwitzt und ein dünnes Rinnsal zeichnet eine glänzende Linie auf seiner Tomatenstirn. Überrascht starre ich auf das Glukometer, nachdem ich einen Tropfen Blut von der Nadel erhalten habe. »Glucose ist nur vierzig!« Das Kind ist völlig unterzuckert.

»Ich brauche eine Sterofundin und Glucose 40%! Wir fahren in die Kinderklinik.«

Ich halte noch immer die Kanüle in der Hand. »Wo ist denn hier ein Nadelabwurf?«, frage ich den älteren Herrn.

Er sieht sich unsicher um und antwortet dann, als hätte er es nicht bereits gewusst: »Wir haben keinen?«

Ich lache ungläubig und reagiere gereizt. »Was? Ihr habt hier keinen Nadelabwurf? Auf dem CSD?«

Er starrt mich hilflos mit dem ‚Mir müssen Sie das nicht sagen'-Blick an. Die Hitze macht mich aggressiv, und mir tut es Leid, ihn so angefahren zu haben. Thorsten reicht mir ruhig einen weißen, dosenförmigen Behälter, den er mitgebracht hat.

Wir laden den Jungen in den RTW und fahren zur Kinderklinik.

Übergabe 16:15
Einsatzende
Bereitschaftsstatus: 1

»Wieso sind diese UHS so schlecht ausgestattet, dass dort nicht mal ein Nadelabwurf vorhanden ist?«, fragte ich, als wir zurückfuhren.

»Ich sagte dir ja vorher schon, dass das Ganze nicht sonderlich professionell ist«, entgegnete Andreas. »Da sind auch keine Rettungsassistenten oder Sanitäter in den Wagen, sondern freiwillige Helfer. Es kann sein, dass die von Medizin keine Ahnung haben und nur den Erste-Hilfe-Kurs beim Führerschein gemacht haben.«

Die Sonne war nun schon ein gutes Stück in Richtung Westen gewandert. Trotzdem ließ sie an Intensität nicht nach. Andreas´ Gesicht hatte vom Rot einer Tomate zu dem eines Hummers gewechselt, das in Kontrast zu seinen schwarzen Haaren stand. Herr Reisinger, der sich auf einer der Bierbänke niedergelassen hatte, befühlte sich seine Nase, die gut zu Andreas´ Gesicht passte.

Eine Frau kam zu unserer gelangweilten Gruppe und demonstrierte ihren Fuß, den sie sich verstaucht hatte. Sie verlangte eine Salbe und zog ärgerlich davon, weil wir keine hatten.

Plötzlich hörte ich hinter mir ein Würgen, gefolgt von einem Plätschern. Als ich mich umdrehte, sah ich eine gebeugte, breite Gestalt hinter einem der Bäume stehen.

»Ach, du Scheiße!«, rief Monika und lief zu Andreas, der sich im Schwall erbrach. Er stöhnte, nur um sich erneut zu übergeben. Zu Dritt halfen wir ihm und legten ihn auf eine Bierbank im Schatten.

»Hey, was ist los mit dir?«, fragte Monika besorgt. Andreas stöhnte nur.

»Sonnenstich«, antwortete ich für ihn und starrte auf seinen Kopf. »Gebt mir mal ´ne Nadel und einen Liter Stero. Dann noch eine Vomex!«

Schneller hatte ich noch nie irgendetwas von einem RA gereicht bekommen. Ich versenkte die Nadel in Andreas´ kräftigem Arm und ließ die Flüssigkeit laufen.

Er rieb sich die Stirn. »Scheiße, hab ich Kopfschmerzen!«

Es hatten sich mittlerweile alle Rettungsassistenten und Helfer um ihn versammelt.

»Der ist kaputt«, zischte einer der Helfer zum anderen.

»Geht gleich wieder«, sagte Andreas und versuchte aufzustehen.

»Bleib erstmal liegen«, sagte ich und drückte ihn zurück auf die Bierbank.

»Wir haben einen Einsatz!«, rief Monika.

‚Na super!', dachte ich.

Einsatz Nr. 2/CSD
Sonntag im Juni / Alarmzeit: 18:10
Einsatzort: UHS 3
Bereitschaftsstatus: 2

Als Thorsten die Sirene anstellt, wird mir heiß und kalt zugleich. Meine Hände sind schwitzig, und mein Puls rast.

»Meinst du, es ist wirklich eine gute Idee, dass ich jetzt alleine Notarzt fahre? Ich bin doch gar kein Notarzt! Also noch nicht so ganz jedenfalls.«

Thorsten schaut mich gelassen an. »Alles gut. Du hast doch mich dabei. Wenn es ´was Schwieriges ist, bestellen wir einen richtigen Arzt dazu.«

Ich bin mir nicht sicher, ob er es auch so meint. Andreas ist jedenfalls nicht in der Lage, den Einsatz zu übernehmen.

Wir fahren in unerträglich langsamem Tempo zur Straßenabsperrung. Die Sicherheitsleute nicken uns auf ihrer unverwechselbar emotionslosen Weise zu und sind offensichtlich froh, wichtig zu sein, als sie den rot-weiß gestreiften Balken zur Seite tragen. Wir halten auf einem Straßenabschnitt, der besonders eng und überfüllt ist, knapp vor der UHS 3. In der Unfallhilfsstelle habe ich Mühe zu erkennen, was passiert ist, weil sich meine Augen erst an die dunklen Lichtverhältnisse adaptieren müssen. Auf der Liege in der Mitte des Wagens, die eher wie ein Lazarettbett mit schmutzig-grauer Decke wirkt, befindet sich ein Mann mit komplett rasiertem Kopf und freiem Oberkörper. Große Tatoos bilden eine unruhige, dunkle Figurenlandschaft auf den Oberarmen. Der Mann reagiert nicht, als ich ihn unsicher anspreche. Schweiß steht auf seiner Stirn. An seinem Brustkorb kann man leicht erkennen, dass er trotz Bewusstlosigkeit regelmäßig atmet. Ich kneife ihm in die Nase.

»Haallooo!«, rufe ich und sende zusätzliche Reize an das scheinbar vernebelte Gehirn, indem ich meinen Daumen an den

Orbitaoberrand drücke.

»Der lag da eben wohl schon fünfzehn Minuten, als man uns darauf aufmerksam gemacht hat«, sagt der Helfer vom UHS, ein junger Mann mit vorstehenden, gelben Zähnen.

‚Scheiße, was mache ich jetzt?', frage ich mich, als ich zum ersten Mal Notarzt sein muss. »Ich brauche einen Zugang, Sauerstoff und Monitor«, sage ich und versuche, so professionell wie möglich zu klingen. Mich überrascht, dass alle genau das tun, was ich sage.

Einer der RAs reicht mir die Nadel, während ich dem Patienten eine Maske über Mund und Nase stülpe und sie an eine Sauerstoffflasche anschließe. Danach kleben wir EKG-Elektroden auf den freien Oberkörper und messen Puls und Blutdruck.

»125 zu 80.«

Die Hitze ist in dieser Hilfsstation noch schlimmer als draußen, weil der Luftzug fehlt. Der Zugang sitzt, eine Flasche Sterofundin wird angeschlossen.

»Hey Dok, willste nicht mal auf den Monitor gucken?«

‚Nein', denke ich, aber sehe mir dann das Bild genau an.

»Herzaktionen sind rhythmisch, keine Zeichen eines Herzinfarktes, Frequenz 82«, murmele ich.

»Haallooo! Machen Sie mal die Augen auf!«, rufe ich dann dem Patienten zu.

Ich glaube, der Mann wird in den nächsten Minuten nicht aufwachen und überlege, ob er vielleicht gestürzt ist und eine Gehirnblutung hat. Zu meiner Überraschung macht er jedoch Abwehrbewegungen und dreht den Kopf langsam von einer zur anderen Seite, als wolle er sagen: ‚Lasst mich doch noch ´was schlafen!' Dann versucht er unbeholfen, sich die Sauerstoffmaske vom Gesicht zu ziehen.

»Sie waren über eine lange Zeit bewusstlos. Können Sie sich erinnern, was passiert ist? Haben Sie viel getrunken oder Drogen genommen?«, versuche ich eine erste Kontaktaufnahme.

Der Mann sieht sich verwirrt um und mustert uns erst einmal eindringlich. Dann sieht er mich an, als käme er von einem anderen Planeten und schüttelt langsam den Kopf.

»Sind Sie schon einmal bewusstlos geworden? Haben Sie eine Herzerkrankung?«, frage ich.

»Ach was!«, sagt der Mann verächtlich und stößt uns seinen Alkoholatem entgegen. Ich bin erleichtert. Anscheinend ist er einfach nur betrunken und stellt mich nicht vor große diagnostische Rätsel.

»Wir werden Sie jetzt in ein Krankenhaus fahren, wo man untersuchen wird, was los ist. Sie müssen beobachtet werden. So eine Bewusstlosigkeit ist nicht ungefährlich«, sage ich mit fehlendem Brustton der Überzeugung.

Er fährt sich mit der Hand über seinen Glatzkopf und sagt dann gut verständlich: »Kommt überhaupt nicht in Frage!«

»Sie sollten sich wirklich in einem Krankenhaus untersuchen lassen, kann ja sein, dass Sie ´was Schlimmes haben!«

»Ach was«, antwortet der Patient, »ich habe mich nur ´was schlafen gelegt.« Er will aufstehen und sieht jetzt erst den Zugang in seinem Arm. Er zerrt am Infusionsschlauch. »...ma abmachen?«, ruft er.

»Ja gut, dann lasst ihn laufen«, sage ich zu Thorsten.

»Willste kein Einsatzprotokoll schreiben?«

»Dochdoch.«

Thorsten stöhnt. »Dann brauchst du seine Personalien – ach vergiss es, ich mach das schon!«

Ich fühle eine Hand an meinem Bein und drehe mich um. Auf der Straße steht eine der Helferinnen.

»Wir haben hier noch eine Patientin.«

»Wo?«

»Liegt dort«, sagt sie und zeigt auf den Bürgersteig.

»Thorsten, kann ich dich hier alleine lassen?«.

»Die Frage ist wohl eher, ob ich dich alleine dort hingehen lassen kann!«

Ich springe von der Wagenfläche und laufe zum Bürgersteig, auf dem etwa zehn Meter weiter ein Mädchen liegt. Ein RA ist bei ihr. Sie sieht ein wenig verängstigt aus, nicht blass, scheinbar unverletzt und hält eine Hand gegen die Stirn gepresst. Ein Blick in ihr Gesicht lässt mich das Alter auf etwa zwanzig schätzen. Neben ihr sitzt ein junger Mann, ihr Freund, und hält ihre Hand.

Ich knie mich neben sie. »Was ist los?«, frage ich etwas zu laut, so dass sie erschrickt.

»Ich habe Epilepsie und...«, sie stockt, »...und mir war eben so, als bekäme ich einen Anfall.«

Ich nicke. »Haben Sie Alkohol getrunken?«

»Nein. Darf ich nicht.«

»Haben Sie heute ausreichend Flüssigkeit getrunken?«

Sie nickt eingeschüchtert.

»Nehmen Sie regelmäßig Medikamente gegen die Epilepsie?«

»Nein.«

Ich bitte den RA um eine Nadel, staue den rechten Arm der Patientin, den ich sanft von ihrer Stirn ziehe.

»So, jetzt piekt es mal.«

Sie schreit kurz auf, als ich in die Ellenbeuge steche. Ich bete, dass sie jetzt nicht anfängt zu krampfen.

»Rivotril 1 Milligramm«, verlange ich und lasse die Infusion laufen. Sekunden später spritze ich das Medikament, das hoffentlich einen epileptischen Anfall verhindert.

Frank sagt mir, dass Blutdruck und Puls in Ordnung sind.

»Wir fahren sofort los!«, bestimme ich. Diesmal bin ich wenigstens sicher, was zu tun ist.

Der Freund der Patientin sieht mich an. »Wo bringt ihr sie hin? Was macht ihr mit ihr?« Er macht einen sehr nervösen Eindruck, während sie nun viel ruhiger wirkt. »Oh Debbi!«, sagt er verzweifelt und hält ihre Schulter. Dann sieht er wieder mich an. »Kann ich mitfahren?«

»Ja, allerdings nicht mit ihrer Freundin, sondern im Notarztwagen.«

Wir helfen ‚Debbi' auf die Trage und bringen sie in den RTW. Wir haben jetzt durch unsere zwei Einsätze genug Aufmerksamkeit auf uns gezogen. Ich klettere in den RTW, als plötzlich jemand durch die geöffnete Seitentür springt und sich an die Patientin klammert.

»Ich bin bei dir, Debbi!«, ruft er, und ich sehe erst jetzt, dass es ihr Freund ist.

»Können Sie bitte nach draußen gehen? Sie können im Notarztwagen mitfahren«, wiederhole ich.

Er sieht mich an, aber scheint mich nicht zu verstehen.

»Jaja«, sagt er, klammert sich fester an die Schulter seiner Freundin und küsst sie auf die Stirn. »Ich bin bei dir, Debbi! Ich bin bei dir, Debbi!«

»Okay«, sage ich entnervt, »jetzt reicht´s. Raus hier!« Ich dränge ihn etwas ab, so dass er gezwungen ist, die Stufen herabzusteigen und schließe die Seitentür. An der Fensterscheibe hüpft sein Gesicht auf und ab, als er versucht, durch Sprünge seine Freundin zu erblicken und ruft: »Debbi! Ich bin bei dir, Debbi!«

Frank wirft den Motor an, was Debbis Freund nicht irritiert und weiter gegen die Scheibe klopfen lässt. Die Sirene fängt an über uns zu heulen, und ich kann sehen, wie sein Mund die Worte ‚Debbi, ich bin bei dir« formen. Hinter ihm taucht Thorsten auf und legt eine Hand auf seine Schulter, um ihn zum NEF zu führen.

»Wann hatten Sie denn Ihren letzten Anfall gehabt?«, frage ich die Patientin, als die Situation ruhiger ist.

»Im November, im letzten Jahr«, sagt sie ruhig.

»Waren Sie da bewusstlos?«

»Ja, ich glaube ein paar Minuten sogar.«

»Wie alt sind Sie?«

»Fünfundzwanzig.«

»Gut. Wir haben Ihnen ein Mittel gespritzt, das den Anfall verhindert. Es kann Sie etwas müde machen.«

Sie nickt und lächelt mich an. »Kommt mein Freund mit?«

»Jaja, der kommt hinterher.« Ich muss ein Grinsen unterdrücken, als ich an den menschlichen Gummiball denke.

Zwei Minuten später sind wir da. Ich helfe, Debbi auszuladen, während ihr Freund mir entgegen springt und dann an mir vorbeihüpft. »Debbi! Debbi! Ich komme!«

Ich mache eine Übergabe an einen Pfleger in der Notaufnahme und verlasse das Krankenhaus schnell, um mir weitere Szenen von Debbis Freund zu ersparen.

Thorsten stellt sich schweigend neben mich. »Vielleicht hätten wir ihm die Ampulle Rivotril geben sollen«, sagt er schließlich ernst. »Bei dem Gehüpfe weiß man gar nicht, wer eigentlich die Epilepsie hat.«

Übergabe 18:48
Einsatzende
Bereitschaftsstatus: 2

Mein Kopf dröhnte. Die Sonne hatte nicht nur Andreas zugesetzt. Nach einer fettigen Bratwurst mit Pommes ging es mir schon etwas besser.

»Gibt´s denn schon Ersatz für dich?«, fragte ich Andreas, der noch immer teils grün, teils rot im Gesicht war.

»Die telefonieren noch ´rum, um jemanden zu kriegen, der mich ersetzt, aber ich bin fast wieder fit«, erwiderte er. Ich glaubte ihm kein Wort, nickte aber.

»Dauert auch nicht mehr lange. Um zehn können wir Schluss machen!«

Ein Abstrom der Familien mit Kindern war zu beobachten, der von einem Zustrom von abendlich gekleideten jungen Leuten ersetzt wurde. Noch immer tummelten sich viele halb nackte Lack- und Lederleute und auch mit Feder bestückte Pfaue in der Menge, die dem Abend etwas Irreales, etwas Futuristisches verliehen.

Es war halb zehn, als wir von Monika den nächsten Einsatz erhielten und die Sonne sich zum Horizont neigte.

Einsatz Nr. 4/CSD
Sonntag im Juni / Alarmzeit: 21:30
Einsatzort: Augustusstraße
Bereitschaftsstatus: 3

Das Martinshorn heult über unseren Ohren, als wir mit dem Wagen an den Menschen vorbei kriechen. Es sind nicht mehr halb so viele Leute auf der Straße wie noch am Nachmittag, dafür sind die wenigen aber doppelt so besoffen. Ich schweige während der Fahrt. Ich habe mich mit Andreas darauf geeinigt, den Einsatz alleine zu fahren und Verstärkung anzufordern, wenn ich nicht klar komme. Ich denke darüber nach, dass mein Urlaub morgen vorbei sein wird und dass ich gerne mehr von der letzten Woche gehabt hätte. Mehr Einsätze, mehr Aufregung, mehr riskante Situationen – mehr Adrenalin.

Wir können nicht weit von unserem Einsatzort entfernt sein. Die meisten Menschen, die uns hier begegnen, sind durch Techno hörgeschädigte Jugendliche, die sich bei unserer Sirene nicht die Ohren zuhalten, sondern ihren Klang genießen. Gegen das letzte Licht, das vom Horizont hinter den Häusern noch durchstrahlt, zeichnen sich ihre Bewegungen schemenhaft ab. Wir rollen langsam an einer Frau vorbei, die zur Musik ausgelassen tanzt und dabei ihre langen roten Locken in rhythmische Wellen versetzt, die gegen ihr Gesicht branden. Unser NEF wird als neues Event angenommen, als ein Fahrzeug des CSD. Thorsten stöhnt und stößt leise Flüche zwischen seinen Zähnen hervor. Für ihn ist die Fahrt im Schneckentempo durch die Nacht nicht leichter. Meine Anspannung ist weg. Sie ist einem Zustand gewichen, den ich schon aus meinen vierundzwanzig bis zweiunddreißig Stunden langen Diensten kenne. Ohne dass man es merkt, schlägt die gebremste Begeisterung über die lange und anstrengende Arbeit in eine Stimmung um, in der man das Gefühl hat, das ganze Krankenhaus noch weitere hundert Stunden mit vollem Einsatz führen zu können. Und das Krankenhaus kommt einem wie ein Raumschiff vor, mit seinen langen neonbeleuchteten Gängen von enormen Ausmaßen und der Stille, die nur von den eigenen an den Wänden widerhallenden Schritten unterbrochen wird. Und dann ist man nicht mehr Arzt, sondern eine Fusion aus Siegfried und Luke Skywalker.

Und dann kommt der Moment, in dem man sich fürchterlich zusammenreißen muss, weil man einen für weitere Entscheidungen gefährlich läppischen Zustand erreicht. Als Internist übersieht man dann hin und wieder völlig überarbeitet Kleinigkeiten, die man glücklicherweise am nächsten Morgen noch ausbügeln kann. Wenn man jedoch als Chirurg mit überanstrengten Augen zwölf Stunden in das überblendete OP-Feld gestarrt hat, kann es für den darauf folgenden einfachen aber notfallmäßigen Blinddarmpatienten schon ein kleines Problem bedeuten, wenn Siegfried Skywalker ihn operiert.

Thorsten lässt den Wagen auf den Bürgersteig rollen und schaltet den Motor ab. Wir springen aus dem NEF und nehmen die Metallkoffer mit. Wir suchen unseren Patienten. Die große Bühne auf der Mitte des Platzes ist leer, bis auf Arbeiter, die sie im Halogenlicht abbauen. Der RTW ist nicht da.

Von einer dunklen Häuserecke winkt uns ein junger Mann zu, der vor einer liegenden Person am Boden kniet. Wir laufen zu ihm hinüber. Auf dem Bürgersteig liegt ein etwa vierzigjähriger Mann dicht an einer vollgepinkelten Hauswand auf dem Rücken und hat die Augen halb geöffnet. Wir sind sofort bei ihm und sprechen ihn an. Obwohl mich die Aufregung packt, bin ich hochkonzentriert und nehme alles genau wahr.

»Hallo! Hallo!«, rufe ich und tätschele dem Patienten auf die Wange. Der Mann hebt langsam die Lider, indem er die Augenbrauen nach oben zieht. Dann öffnet er den Mund, um nach Luft zu schnappen. Er atmet angestrengt und lässt die Augenlider wieder sinken. Während des Einatmens dellt sich das Jugulum, der Bereich unterhalb des Kehlkopfes, nach innen, und beim Ausatmen höre ich ein Pfeifen. Der Mann hat einen Asthmaanfall.

»Hallo, was ist denn los?«, frage ich ihn unbeholfen.

Wieder versucht der Mann, die Augen zu öffnen und ringt nach Luft. Er wirkt etwas verwahrlost – derangiert – und im ersten Moment hätte ich getippt, er wäre ein Obdachloser. Dafür sieht er dann doch zu gepflegt aus. Das Hemd hängt aus der Hose, ist aber nicht verdreckt. Er trägt zwei gleiche Schuhe, die noch kürzlich poliert wurden. Viel gibt er jedoch nicht auf sein Äußeres. Sein Gesicht ist ungewaschen und die schütteren, längeren Haare kleben fettig an der Stirn. Wieder hebt er die Lider durch Hochziehen der Augenbrauen. Sein Blick ist glasig und verwirrt, und trotzdem sehe ich Todesangst in seinen Augen. Wir müssen jetzt schnell handeln. Thorsten hält mir eine Nadel hin. Ich staue den rechten Arm und steche die Kanüle in die Ellenbeuge. Der Mann zuckt nicht mit der Wimper.

»Der Typ ist total besoffen«, zischt Thorsten und klebt den Zugang fest. Ich knöpfe das Hemd des Mannes auf und ziehe es auseinander. Darunter kommt ein dünnes Unterhemd mit gelben Flecken zum Vorschein, auf das ich mein Stethoskop presse.

»Kann ich irgendwie helfen?«, ruft jemand hinter mir. Ich drehe mich um. Der junge Mann, der uns zu dem Patienten gewunken hat, sieht mich fragend an.

Ich schüttele den Kopf. »Nein, vielen Dank!« Ich wünschte, ich hätte Dr. Bergmüller neben mir. Der Versuch, den Patienten zu auskultieren, will mir nicht gelingen bei dem ganzen Krach um uns herum. Der Patient wird zunehmend bläulich im Gesicht, ein Zeichen von Sauerstoffmangel. Ich habe Angst, ihn zu verlieren.

Thorsten ist cool wie schon am ganzen Tag und rammt dem Patienten wortlos ein Asthmaspray zwischen die Lippen.

»Blutzucker ist 80«, sagt er Sekunden später. Er macht alle

Handgriffe gleichzeitig. Er nimmt sich Stethoskop und Blutdruckmanschette, die er dem Patienten um den schlaffen Arm wickelt, um Puls und Druck zu bestimmen.

»Wo bleibt der RTW?«, fragt er sich laut. Ich sehe mich um. Die Dunkelheit besiegt nun den Tag und die Szenerie wird immer unüberschaubarer. Irgendwo kann ich ein Blaulicht sehen. Ich zeige in die Richtung. »Da vorne.«

»Jetzt müssen die nur noch da durchkommen«, sagt Thorsten, als er die letzte Luft aus der Blutdruckmanschette ablässt. »Druck ist 110 zu 60, Puls etwa 130.«

Ich ziehe scharf die schwüle Abendluft in meine Lungen, als wollte ich dem Patienten ein Beispiel für tiefes Durchatmen geben. »Wir setzen den Patienten auf!«, sage ich zu Thorsten und fange an, den schlaffen Mann hochzuzerren. Schließlich gelingt es uns, ihn mit dem Rücken gegen die dreckige Häuserwand zu positionieren. So wird er leichter atmen können und beim Erbrechen seine Luftröhre freihalten.

»Wie wär's mit Theophyllin?«, fragt Thorsten und kramt nach der Ampulle.

»Gute Idee!«, sage ich dankbar und spritze ihm das Medikament, das ihm hoffentlich die Bronchien öffnet.

Der Patient macht während der Injektion die Augen auf. Er rollt sie, als könne er dadurch die gesamte Umgebung in einer Sekunde erfassen. Er schnappt nach Luft und lässt die Lider wieder fallen als seien sie aus Blei. Ich nehme mir ein Lämpchen, ziehe das linke Lid wieder hoch und leuchte ins Auge. Die weite Pupille schnurrt schnell zusammen. Die direkte Lichtreaktion des anderen Auges ist auch in Ordnung. Ich wundere mich schon über die Helligkeit meiner kleinen Lampe, als mir auffällt, dass der RTW hinter uns anhält und die Häuserwand erleuchtet. Mir fällt ein Stein vom Herzen. Ich möchte den Patienten so schnell wie möglich in ein Krankenhaus verfrachten. Auch wenn Thorsten die Situation gut überblickt, habe ich keine Ahnung, warum der Patient immer noch nicht besser atmen kann. Vielleicht übersehe ich etwas. Ich werde Schuld sein, wenn er stirbt – nur aufgrund meiner Inkompetenz.

»Was habt ihr denn so lange gebraucht?«, rufe ich den aussteigenden RAs gestresst entgegen und entlade etwas Angst.

»Da hinten hat sich jemand auf der Fahrbahn schlafen gelegt, den mussten wir erst noch wegräumen.«

»Wir haben hier einen alkoholisierten Patienten mit Asthmaanfall.«

Eine Rettungsassistentin kommt mit der Schaufeltrage aus dem Laderaum. Mittlerweile hat sich eine größere Gruppe Gaffer versammelt und sieht interessiert zu. Gemeinsam hieven wir den Patienten auf die Trage. Es ist nicht leicht, eine schlaffe Person auch nur einen Millimeter zu bewegen.

»Wo fahren wir hin?«, frage ich den Fahrer.

»Ich würde vorschlagen, Evangelisches Krankenhaus«, antwortet dieser.

»Okay. Mit Vollgas, bitte!«

Wir müssen uns jetzt wieder um den Patienten kümmern, der bereits eine Sauerstoffmaske über Mund und Nase trägt, aber noch nicht so aussieht, als hätte unsere Therapie auch nur den leisesten Effekt gehabt. Die Flasche Sterofundin hängt schaukelnd an der Decke. Bei jedem Ruck, der durch den nach hinten rangierenden RTW fährt, lösen sich kleine Luftblasen, die nach oben steigen und meine Aufmerksamkeit fesseln. Ich merke meine Müdigkeit trotz der Aufregung und löse meinen hypnotisierten Blick und wende ihn dem Mann vor uns zu. Die RA zerschneidet das Unterhemd in der Mitte, weil sie sieht, wie schlecht es unserem Patienten geht, und klebt EKG-Elektroden in Windeseile auf die Brust und das Pulsoxy an einen Finger. Danach verbindet sie die bunten Kabel. Gebannt sehen wir gemeinsam auf den Monitor. Das EKG ist bis auf die Tachykardie völlig normal. Die Sättigung liegt bei 85 Prozent unter Sauerstoffzufuhr – ziemlich wenig.

»Haben Sie irgendwo Schmerzen?«, frage ich den Patienten laut. Dieser öffnet langsam die Augen und guckt uns verwirrt an. Er will sich die Maske vom Mund ziehen und merkt, dass seine Arme neben dem Körper festgeschnallt sind. Daraufhin versucht er den Kopf zu drehen, um sie loszureißen.

»Lassen Sie die Maske auf ihrem Gesicht. Sie bekommen darüber Sauerstoff!«.

Der Mann dreht die Augen weit zu einer Seite, so dass die Skleren die Augen gänzlich weiß erscheinen lassen, atmet tief ein und schüttelt dann den Kopf. Nein, keine Schmerzen.

Es ist noch immer verdammt heiß, was meine Anspannung nicht gerade mildert. Wir haben zwar die Situation im Griff, aber nicht den Patienten.

»Geben wir ihm noch etwas Kortison?«, fragt die Rettungsassistentin mich suggestiv.

»Ja, bitte!« Mist – das hätte ich noch glatt vergessen. »Und bitte noch so etwas wie Fenistil, falls wir es haben!«

»Da, du kannst ja schon mal absaugen, der hat ziemlich viel Schleim im Mund«, sagt sie zu mir, drückt mir einen Schlauch in die Hand und startet das Absauggerät.

»Ich..., ich habe keine Ahnung, wie man dieses Ding hier bedient«, sage ich hilflos. Die RA blickt mich kritisch an, während sie das pulverförmige Kortison in der Ampulle mit Wasser auflöst, mit einem routinierten Handgriff aufzieht und mir die Spritze reicht. Sie nimmt mir grob den Sauger aus der Hand. Dann erweichen ihre Gesichtszüge.

»Ist nicht schlimm«, sagt sie. Sie betätigt einige Knöpfe und bringt das Gerät zum Dröhnen. Als der Patient nach Luft schnappt, nutzt sie den Augenblick, zieht die Maske schnell vom Gesicht und steckt den Sauger in seinen Mund. Für einen Moment klingt das gurgelnde Geräusch des Saugers wie beim Zahnarztbesuch.

Danach dominiert wieder die Sirene die Geräuschkulisse, als sie das Gerät abschaltet. Der Patient sieht immer noch schlecht aus und schnappt nach Luft.

Die RA spritzt jetzt Volon A, ein Antiallergikum, das sie im Ampullarium des RTW gefunden hat.

Der RTW wird langsam abgebremst und schaukelt jetzt, als wir auf die Rampe des Krankenhauses fahren. Ich bin heilfroh, dass wir endlich da sind, weil ich keine Ahnung habe, was der Patient hat. Der Vollrausch des Mannes macht jede vernünftige Kommunikation unmöglich und erschwert die Diagnosefindung.

Wir beeilen uns, ihn aus dem geparkten RTW herauszuholen. Ich helfe vom Innenraum, die Sauerstoffflasche anzureichen und fühle mich total fehl am Platz. Eigentlich sollte ich diesen Einsatz leiten und nicht erleiden.

Uns kommt ein weiß gekleideter junger Arzt mit langen Haaren und Zopf entgegen. »Ah, da ist er ja!«, sagt er freundlich und erwartungsvoll, aber in seiner Stimme schwingt Unsicherheit. »Hier ′rein bitte«, weist er uns an und hält seinen Arm in Richtung Behandlungszimmer. Es ist hell und meine Augen müssen sich erst daran gewöhnen. Wir helfen, den Patienten auf den Behandlungstisch umzubetten.

»Was hat er denn?«, fragt mich der junge, unsichere Arzt.

»Jaaa«, sage ich gedehnt und sehe mindestens genauso unsicher auf den Patienten. »Also.« Ich überlege, wie ich am besten anfange und erzähle ihm dann in kurzen Sätzen, wie wir den Patienten aufgefunden haben, was wir ihm verabreicht haben und wie mein Tip, ich bezeichne es als ‚Arbeitshypothese', lautet.

»Also, er hat jetzt Asthma?«, fragt mich der Arzt.

»Keine Ahnung. Das ist das Wahrscheinlichste. Allerdings sieht er jetzt immer noch dyspnoeisch aus, trotz Therapie.«

Der junge Arzt sieht mich an. In seinen Augen kann ich Verzweiflung und Überforderung sehen.

»Was soll ich denn jetzt machen?«, fragt er mich und offenbart seine Ratlosigkeit. Um etwas vorwurfsvoller zu klingen, setzt er hinzu: »Was soll ich denn jetzt damit anfangen?«

Am liebsten würde ich antworten: ‚Vielleicht sollten wir mal einen richtigen Arzt rufen?' Stattdessen versuche ich ruhig zu bleiben und ihm ernsthaft zu helfen. »Ich würde erst einmal einen Röntgen-Thorax und ein Labor machen und dann den Patienten auf eine Intensivstation legen«, sage ich, während ich mir wieder wünsche, Dr. Bergmüller wäre hier. Danach drücke ich den Arm des Patienten und sage ‚Tschüs.' Der Patient erwacht kurz aus seinem Zustand und schließt danach wieder die Augen.

Gut, dass er so alkoholisiert ist. Hinsichtlich seiner medizinischen Behandlung ist er vom Regen in die Traufe geraten.

Übergabe 22:33
Einsatzende
Bereitschaftsstatus: 1

Es war dunkel, als wir mit dem RTW zurückfuhren. Wir saßen zu dritt im Führerhäuschen und schwiegen. Wir waren alle total fertig. Der Tag war zu lang gewesen. Ich rieb meine Augen und erzeugte damit leuchtend blaue und grüne Formen und Linien, die sich umschlangen und verschmolzen und nach kurzer Zeit in der Dunkelheit verglühten. Kopfschmerzen gesellten sich nun zur Müdigkeit. Ich freute mich auf mein Bett. Ich malte mir aus, wie ich als erstes zum Kühlschrank in unserer Wohnung stolpern und etwas zu Essen suchen würde. Als wir an der ELZ eintrafen, sah ich, dass die anderen schon mit dem Abbau der Bierbänke und Einsammeln von Müll beschäftigt waren. Es war jetzt knapp viertel vor elf. Ich erkundigte mich nach Andreas. Herr Reisinger berichtete mir, dass es ihm etwas besser ging. Ein RA hatte ihn nach Hause gefahren, weil unser CSD-Einsatz für dieses Jahr beendet war.

»Die Hitze heute, die hat uns ja alle erledigt«, sagte Herr Reisinger. »Es sind jetzt noch achtundzwanzig Grad! Aber im Gegensatz zum letzten Jahr...«

Meine Gedanken trugen mich davon. Der Asthmatiker war mein letzter Einsatz gewesen. Ich versuchte, ein Resümee meiner Woche als Notarztpraktikant zu ziehen, aber es gelang mir nicht. Wie Gewitterwolken hing die Erschöpfung über meinem Gemüt und ließ keine Denkleistung mehr zu.

»...gut gelaufen?«, fragte mich Herr Reisinger.

»Wie bitte?«, fragte ich zurück.

»Ob es eben noch bei Ihnen gut gelaufen ist ohne Herrn Jacobi. War ja nicht ganz in Ordnung, Sie alleine zu lassen. Aber Herr Jacobi sagte, Sie schaffen das schon.«

Ich spielte meinen Einsatz herunter. »Wir haben den Patienten gut abgeliefert.«

»Heee!«, rief Monika, während sie sich aus dem ELW lehnte und sich eine Hälfte des Kopfhörers vom Ohr hielt. »Wir haben eine leblose Person – is´ ´was zu reanimieren!«

Einsatz Nr. 5/CSD
Sonntag im Juni / Alarmzeit: 22:58
Einsatzort: Höhenstraße
Bereitschaftsstatus: 3

Mein Herz bleibt stehen. Ich kann doch keine Reanimation durchführen! Mich packt ein plötzlicher Fluchtreflex. Trotzdem gehe ich mechanisch zum NEF, auch wenn ich im Geiste wegrenne. Thorsten scheint der Einsatz nicht zu stressen und rast los. Mir gehen tausend Gedanken gleichzeitig durch den Kopf, und doch weiß ich, dass ich mich auf nichts vorbereiten kann. Kein Einsatz ist wie der andere, das habe ich in der Woche gelernt. Die Sirene verstummt, als wir ankommen – es ist mein letzter Nachtflug. Mein Herz rast.

Die Dunkelheit wird von Blaulichtern verschiedener Rettungsfahrzeuge zerteilt. Gaffende Anwohner, die aus ihren Wohnungen gekommen sind, hoffen, etwas Spannenderes als ihr Fernsehprogramm zu erleben.

Nur unsere Schritte sind auf der Treppe zu hören. Im ersten Stockwerk steht die Tür offen und das gelbe Glühbirnenlicht, das aus der Wohnung dringt, sieht in der Dunkelheit des Treppenhauses wie ein helles Buschfeuer aus.

Der winzige Flur teilt sich in zwei Zimmer. Beide Türen stehen offen. Links. Das Schlafzimmer. Die Technik, die rot gekleideten Rettungsleute. Rechts. Das Wohnzimmer. Ein Sofa. Die Angehörigen. Eine Frau. Zwei Männer. Einer läuft auf und ab.

Wir gehen nach links und stehen im Türeingang. Vor uns liegt ein älterer Mann auf dem Boden. Neben ihm kniet ein Sanitäter. Sein Körper hebt und senkt sich, die durchgedrückten Arme pressen kraftvoll, aber viel zu schnell auf die Brust des leblosen Mannes. Am Kopfende ein älterer Rettungsassistent mit Ambubeutel, die Maske auf das Gesicht des Mannes gepresst.

»Ah, endlich – der Notarzt!«, ruft der Sanitäter sichtlich erleichtert.

Ich fühle mich, als würde mir ein Panzer auf der Brust stehen. Ich reiße mich zusammen und nicke dem älteren RA zu.

»Wir sind auch eben erst eingetroffen. Der Mann lag auf seinem Bett, Familie hat ihn so vorgefunden. Haben ihn auf'm Boden gelegt und direkt angefangen zu reanimieren.«

Ich knie mich zum Patienten. »Soll ich das Reanimieren übernehmen?«, frage ich unsicher.

Der RA sieht mich ungläubig an. »Quatsch, wir brauchen 'nen Tubus. Den Rest machen wir schon, Dok!«

Meine Kehle schnürt sich zu und mein Herz schlägt schneller.

»Okay«, stammle ich, während ich zum Kopfende wechsle. Ehe ich noch weiter darüber nachdenken kann, habe ich schon ein Laryngoskop in der Hand. Ich versuche, mich auf das zu konzentrieren, was ich gelernt habe und spreize den Mund.

Gelbbraune Zähne kommen zum Vorschein, die Zunge hängt schlaff im Rachen. Vorsichtig führe ich das Laryngoskop ein und drücke die Zunge zur Seite. Ich kann nichts sehen. Der Kopf hängt schief. Ich beuge mich noch mehr herunter, so dass meine Augen auf einer Höhe mit dem Mund sind.

»Hier ist der Tubus«, sagt der RA.

»Moment, ich seh noch nichts!« Mir bricht der Schweiß aus. Ich versuche, Ruhe zu bewahren und nehme das Laryngoskop nochmal heraus.

»Soll ich nochmal beuteln, Dok?«

Ich höre nicht auf ihn, atme tief durch und versuche es ein zweites Mal. Meine Hand zittert. Die Lampe am Laryngoskop beleuchtet den Rachen. Diesmal sehe ich etwas Weißes aufblitzen – die Stimmritze.

»Tubus«, höre ich mich selbst sagen.

Ich fädele den weichen Plastikschlauch zwischen den

Stimmbändern vorbei in den Larynx. Zwei, drei Handgriffe des RAs später ist der Tubus fixiert.

»Super, Dok. Hier, Monitor ist dran. Peter, hör mal kurz auf!«

Der Sanitäter unterbricht die Reanimation. Ich sehe schnell auf das Display. Nichts. Keine Herzaktion.

»Wie wär´s mit Adrenalin in den Tubus und mal ´nem Zugang, Dok?«

»Gute Idee!« Ich lächle unsicher und greife nach der Nadel, die Thorsten mir schon entgegenstreckt. Diese gelingt mir zum Glück auf Anhieb.

»Komm Peter, mach mal weiter!«, kommandiert der RA, während er eine Spritze Adrenalin in den Tubus spritzt.

Thorsten greift jetzt auch ins Geschehen ein und hängt eine Infusion an den Zugang. Die Beatmungsmaschine ist angeschlossen und schnauft zu unseren Anstrengungen.

Im Türrahmen steht ein junger Mann, Anfang zwanzig vielleicht. Er zittert am ganzen Körper. Seine Augen sind angsterfüllt. Seine Hände flattern wie Flügel eines aufgeschreckten Vogels.

»Ist das Ihr Vater?«, frage ich ihn.

Er nickt verschreckt.

»Wie alt ist er?«

»Siebenundvierzig.«

»Hat er irgendwelche Erkrankungen?«

»Nein. Gar nichts.«

»Hat er geraucht?«

»Ja. Zwei Schachteln am Tag. Ist es schlimm?«, fragt mich der Sohn und bricht dabei in Tränen aus.

»Ja. Wir versuchen eine Wiederbelebung. Gehen Sie am besten in ein anderes Zimmer, während wir hier arbeiten. Wir tun alles, was wir können.«

‚Und das ist nicht viel', denke ich noch und bin unendlich dankbar für den erfahrenen Rettungsassistenten.

»Hey Dok, guck mal!«, ruft dieser mir zu und zeigt auf den Monitor, während der Sanitäter eine Pause macht. Auf dem Monitor zeigen sich wilde Zacken.

»Das ist doch ´was für´n Defi, oder?«

»Jaja«, sage ich, da hält er schon die Paddles in der Hand.

»Alle weg. 360 Joule!«, ruft er und drückt auf die Knöpfe beider Paddles. Der Oberkörper des Patienten zuckt in einer gewaltigen Kontraktion sämtlicher Muskeln. Es zeigt sich keine Änderung auf dem Monitor.

»Weitermachen und Adrenalin«, sagt der RA.

Der Sanitäter hat mittlerweile einen roten Kopf und stöhnt bei seinen Bewegungen.

»Ich lös´ dich mal ab«, sage ich zu ihm.

Mein Herz schlägt wild. Ich bin aufgeregt, total wach und hochkonzentriert. Der junge Sanitäter steht wie in Zeitlupe auf, während ich niederknie. Ich suche den Reanimationspunkt für meine Hände am nackten Oberkörper des Patienten. Drei Fingerbreit über der Spitze des Brustbeins. Ein riesiges Hämatom hat sich an der Stelle schon ausgebreitet. Blau, rot, violett. Ich setze meine Hände übereinander. Die Arme durchgedrückt, senke meinen Oberkörper. Es geht ganz leicht. Rhythmisch bewege ich mich von oben nach unten. Meine schwitzigen Hände rutschen ab, weil sich schon eine Delle durch die ganzen gebrochenen Rippen gebildet hat. Ich zähle laut vor mich hin. »Eins, zwei, drei, vier...«

Mein Herz schlägt schneller.

Mein Blick kurz auf den Monitor.

Meine Anstrengungen produzieren groß ausschlagende Wellen. Alles hört sich verzerrt an. Die Stimmen, die Funkgeräte. Meine Jacke schrammt an meiner Hose und macht Geräusche. Das Weinen nebenan. Ich sehe dem Patienten, dem Vater, dem Ehemann in sein totes Gesicht.

Komm schon!

Meine Gedanken reißen ab, als die Stimme des Rettungsassistenten sonor und beruhigend über mir erschallt. »Macht doch nochmal ´ne Pause.«

Ich erstarre in meiner Bewegung und richte mich etwas auf.

Auf dem Monitor nur das Flimmern.

Viele kleine grüne Zacken irgendwelcher unkoordinierten elektrischen Entladungen. Draußen fährt ein Motorrad vorbei.

»Nochmal Adrenalin«, sage ich. Thorsten spritzt eine Ampulle in den Zugang.

Wie in Trance reanimiere ich weiter. Meine Hände sind eine Einheit mit dem Thorax des Mannes und versinken in ihm. Tiefer und tiefer.

Wo ist das Herz? Wie zerdrückt wird es aussehen, wenn schon die Haut dunkelblau ist? Ich pumpe etwas langsamer. Ich war viel zu schnell. Etwa hundert pro Minute? Oder doch sechzig? Ich weiß es nicht mehr.

Komm schon!

Auf dem Teppich sind die Hüllen unserer Instrumente verstreut. Am Kopfende die Beatmungsmaschine, in den Ampullen das Adrenalin. Das Adrenalin in meinem Körper. Mein Herz rast und sein Herz ist stumm.

Wie lange reanimiere ich schon?

Komm schon!

»Nochmal Pause!«

Das Weinen ist verstummt.

Nur noch ein Schluchzen.

Das Klappern irgendeines metallischen Gegenstandes. Und immer das Zischen der Beatmungsmaschine.

Die hohen Wellen meiner Reanimation auf dem Monitor stoppen, als ich anhalte.

Sie verwandeln sich in Zacken. Regelmäßige, grüne Zacken.

»Fühl den Puls an der Leiste. Kann sein, dass das nur elektrische Aktionen sind.«

Meine Fingerspitzen reihen sich am Oberschenkel auf und drücken sich in die noch warme Haut.

Ich brauche nicht lange zu suchen.
Mir schlägt der Puls kräftig und lebhaft entgegen.
Ich lächle. Der Nachtflug ist beendet.
»Wir haben ihn!«

Glossar

Begriff	Erklärung
Ableitung	Messung von Spannungen im →EKG. Dabei werden die Spannungen des Herzens zwischen verschiedenen Gliedmaßen auf der Haut abgeleitet.
Adrenalin	Körpereigenes Hormon, das Gefäße engstellt, den Blutdruck steigert und stark aktivierend wirkt. Im Schock oder bei Reanimation wird es als Medikament zur Unterstützung des Kreislaufs eingesetzt.
Ambubeutel	Flexibler Kunststoffbeutel zur manuellen Atemspende in Verbindung mit einer Gesichtsmaske
Anästhesist	Narkosearzt
Anaphylaktischer Schock	Allergiebedingter →Schock
Aneurysmablutung	Blutung aus einer, häufig angeborenen, Gefäßmißbildung. Meistens im Gehirn.
Angina pectoris	Schmerzen im Brustkorb. Hervorgerufen durch Verengung der Herzkranzgefäße (→ KHK) oder bei →Herzinfarkt.
Arteria carotis	Halsschlagader
Arteria subclavia	Schlagader, die vom Aortenbogen zur Armarterie führt
ASB	Arbeiter-Samariter-Bund
Aspirin®	Acetylsalicylsäure als intravenöses Medikament zur Hemmung der Blutplättchenaggregation (Acetylsalicylsäure oder ASS ist auch als Kopfschmerzmedikament z. B. als Aspirin® von Bayer im Handel).
ASS 100	Acetylsalicylsäure (→Aspirin)
Auskultation	Abhorchen mit dem Stethoskop
Babinski-Reflex	Pathologischer Reflex (außer in den ersten 3 Lebensmonaten): Beim Bestreichen der Fußsohle hebt sich der Großzeh. Zeichen für Hirnschaden.
Ballondilatation	Aufpumpen eines kleinen Ballons in den → Herzkranzgefäßen zur Behandlung von Verschlüssen oder Engen (→ Stenosen) , um die Blutversorgung des Herzens zu gewährleisten.
Belastungsdyspnoe	Luftnot, die bei körperlicher Belastung eintritt. Häufig bei Herzerkrankungen (z. B. Herzinsuffizienz).

Beloc®	Betablocker, zur Behandlung von Herzrhythmusstörungen oder Herzrasen.
Betablocker	Medikamentengruppe zur Behandlung von Bluthochdruck und Herzrhythmusstörungen, v. a. Herzrasen (→Tachykardie)
Beugemyoklonien	Unbewusste Beugebewegungen von Muskelgruppen als Zeichen von Hirn-/Nervenstörungen.
Blutdruck	Normalwerte in Ruhe: Systolisch 110-130 mmHg, diastolisch 70-85 mmHg
Blutzucker	Traubenzuckergehalt (Glucosegehalt) im Blut. Normalwerte: 80 – 120 mg/dl.
Bypass	Bei drohendem oder stattgehabtem Herzinfarkt Operation, die das Blut mittels einer vorher entnommenen Beinvene an den geschädigten Herzkranzgefäßen vorbei direkt zum Herz leitet.
BZ	→ Blutzucker
Cephale Phase	Zwei Phasen der Verdauung: 1. cephale Phase (Speichelfluß bei Anblick der Speise), 2. gastrale Phase (Magenverdauung).
Compliance	»Mitmachen« und »Befolgen« einer ärztlich angeordneten Therapie seitens des Patienten.
CT	Computertomographie. Zur radiologischen Darstellung des Körpers in Schnitten (ähnlich → MR) mit konventioneller Röntgenstrahlung.
Defi(brillator)	Elektroschockgerät zur Beseitigung von Kammerflimmern oder –flattern
Differentialdiagnose	Lassen ein Symptom oder ein Symptomenkomplex mehrere Diagnosen zu, so sind diese »Differentialdiagnosen«, also alternative Möglichkeiten.
Digimerck®	Digitalis/Herzglykosid. Medikament zur Behandlung von Herzrhythmusstörungen, gewonnen aus dem Fingerhut.
Direkte Lichtreaktion	→Pupillenreflex. Beim Auftreffen von Licht auf die Netzhaut verengt sich die Pupille.
Dormicum®	Wirkstoff: Midazolam. Narkosemedikament.
Drogenintoxikation	Drogenvergiftung
Dyspnoe / dyspnoeisch	Atemnot / atemnötig
Ebrantil®	Wirkstoff: Urapidil. Medikament zur akuten Behandlung von Bluthochdruck.
Ejektionsfraktion	In Prozent angegebene Blutmenge, die pro Herzschlag aus der linken Herzkammer in den Körper gepumpt werden kann. Niedrige E. kommt z. B. bei der Herzinsuffizienz vor.
EK	Erythrozytenkonzentrat, Blutkonserve
EKG	Elektrokardiogramm zur Darstellung der elektri-

	schen Herzerregung
Epidural	Zwischen den Hirnhäuten liegend
Etomidat®	Narkosemedikament
Exspiration	Ausatmung
Extrasystole	Zusätzlicher Herzschlag mit nachfolgender Pause, der von Patienten als Herzstolpern empfunden wird. Jeder Mensch hat gelegentliche E. Die Art und Häufigkeit bedingen den Krankheitswert.
Fentanyl	Opiat mit starkem analgetischem (schmerzstillendem) Effekt.
Gastrale Phase	→cephale Phase
Gastritis	Magenschleimhautentzündung
Gastroskopie	Magenspiegelung mittels eines Schlauchs mit optischer Vorrichtung
Gelonida®	Wirkstoffe: Paracetamol und Koffein. Schmerzmittel
Gilurytmal®	Wirkstoff: Ajmalin. Medikament zur Behandlung von Herzrythmusstörungen.
Glasgow Coma Scale	Punktesystem zur Ermittlung der Schwere / Tiefe eines Komas anhand verschiedener Kriterien
Glioblastom	Sehr bösartiger Hirntumor, der innerhalb kürzester Zeit bei den meisten Patienten zum Tode führt.
Güdel-Tubus	Kurzer → Tubus, der das Aufeinanderbeißen der Zähne und das Zurückfallen der Zunge bei bewußtlosen Patienten verhindert.
HAES	Kolloidales Volumenersatz (bei Blutverlust oder → Schock)
Hämatom	Bluterguß, ‚Blauer Fleck'
Gastroenterologie	Spezialgebiet der Inneren Medizin, das sich mit den Erkrankungen der Verdauungssysteme befasst.
Hämatothorax	Blutung in den Brustkorb
Hemiparese	Halbseitenlähmung, meistens durch einen Schlaganfall.
Heparin	Medikament zur Hemmung der Blutgerinnung (Volksmund: »Blutverdünnung«)
Herzinfarkt	Durch Verschluss von Herzkranzgefäßen bei → KHK hervorgerufener Sauerstoffmangel und häufig lebensbedrohlichem oder tödlichem Untergang von Herzgewebe. Symptom: → Angina pectoris
Herzkatheter	Einbringen eines Katheters über die Leistenarterie über die Aorta (Hauptschlagader) in die Herzkranzarterien, um sie unter Röntgendurchleuchtung mit Kontrastmittel darstellen und ev. bei →Stenosen weiten zu können (→Ballondilatati-

	on).
Herzkranzgefäß	Gefäß zur Versorgung des Herzens mit Blut und darin enthaltenem Sauerstoff und Nährstoffen. Bei Verengung (→Stenose) droht → Herzinfarkt.
HIV	Human immunodeficiency virus. Erreger von AIDS (aquired immunodeficiency syndrom).
Hyperlipidämie	Erhöhte Blutfette (Cholesterin, Triglyceride), dadurch Gefahr der Gefäßverengung.
Hypertonie	Bluthochdruck
Hyperventilation	Zu schnelles Atmen, häufig psychisch verursacht.
Hypoglykämie	Niedriger Blutzucker («Unterzuckerung")
Hypno(midate)®	Wirkstoff: → Etomidat. Narkosemedikament
i. m.	Intramuskulär
i. v.	Intravenös
Imodium	Medikament gegen Durchfall.
Indirekte Lichtreation	→Pupillenreflex des anderen Auges beim Scheinen von Licht in ein Auge.
Inspiration	Einatmung
Inspiratorischer Stridor	→Stridor bei der Einatmung
Intubation	Einführen eines →Tubus in die Luftröhre zur künstlichen Beatmung bei Bewußtlosgkeit oder Narkose
Inzolen®	Wirkstoff: Kalium (lebenswichtiges Salz in Blut/Gewebe)
Ischämie	Mangeldurchblutung eines Organs oder einer Gliedmaße. Am Herzen bei → KHK
Isoptin®	Wirkstoff: Verapamil. Medikament zur Behandlung von Herzrhythmusstörungen.
Joule	Energieeinheit
Jugulum	Die Delle unter dem Kehlkopf
Kachektisch	Ausgemergelt
Kardial	Das Herz betreffend
Kardiochirurgie	Herzchirurgie
KHK	Koronare Herzerkrankung mit Verengung der Herzkranzgefäße durch verschiedene Risikofaktoren, v. a. Rauchen, Übergewicht, Diabetes, Bewegungsmangel. Risiko: Herzinfarkt mit Absterben von Herzgewebe.
Knochenfenster	Besondere Einstellung im CT, um die Knochen (und weniger die Organe) zu beurteilen.
Knochenkrepitation	Knochenknirschen
Koagel	Geronnenes Blut
Koloskopie	Darmspiegelung mittels eines Schlauchs mit optischer Vorrichtung
Kontraindikation	Gegenanzeige. Wann darf etwas nicht getan / verabreicht werden.
Kontusion	Quetschung

Koronarartieren	→Herzkranzgefäße
Koronare Herzkrankheit	→KHK
Kribbelparästhesien	Mißempfindung (z. B. beim Aufwachen »eingeschlafener« Gliedmaßen).
KTW	Krankentransportwagen
Kussmaulatmung	Bezeichnung für eine Form der Atmung, bei der der Patient große, schnappende Atembewegungen ausführt. Zeichen von Hirn- oder Stoffwechselstörungen.
Laryngoskop	Kehlkopfspiegel, u. a. Hilfsmittel zur Intubation
Lasix®	Wirkstoff: Furosemid. Medikament, das die Urinausscheidung verstärkt (bis zu mehreren Litern pro Stunde). Hilft bei Überwässerung (z. B. →Lungenödem).
Lidocain	Medikament zur Behandlung von Herzrhythmusstörungen (auch zur örtlichen Betäubung).
Lungenkontusion	Lungenquetschung
Lungenödem	Flüssigkeitsansammlung in der Lunge, hervorgerufen durch Blutstau, der zum Flüssigkeitsübertritt in die Alveolen (Luftbläschen) führt.
Manometer	Blutdruckmeßgerät
Massenanfall von Verletzten	Fachausdruck für einen Unfall / Ereignis, bei dem viele Personen verletzt werden.
Motorik	Funktion der die Muskel versorgenden Nerven.
MR	Magnetresonanz / Kernspintomographie. Zur radiologischen Darstellung des Körpers in Schnitten (ähnlich → CT oder Computertomographie) mithilfe von Magnetfeldern.
MSI	Gelöstes Morphin zur Schmerzbehandlung
NAW	Notarztwagen
NEF	Notarzt-Einsatzfahrzeug
Nephro-/Cholecystolithiasis	Steine im/in der Nierenbecken / Gallenblase
Neurologisch	Die Nervenheilkunde betreffend.
Nitro(glycerin)	Wird nicht nur in Dynamit, sondern auch zum Weiten der Herzkranzgefäße und Blutdrucksenkung eingesetzt.
Obduktion	Eröffnen des toten Körpers und Untersuchung der Organe, um nach dem Tode weitere Erkenntnisse über Erkrankungen oder Todesursache zu gewinnen (→Sektion)
Orbita	Die knöcherne Augenhöhle
Paddles	Stromkontakte mit Griffen zur Auflage auf dem Brustkorb bei der Defibrillation

Palliativ	Ohne heilenden (kurativen) Therapieansatz bei tödlich verlaufenden Erkrankungen mit Ziel der Lebensqualitätsverbesserung (z. B. Schmerzlinderung).
Palpation	Manuelles Tasten / Abtasten einer Körperregion / Organ
Pankreas	Bauchspeicheldrüse
Pathologe	Arzt, der anhand von Obduktionen und / oder feingeweblichen Gewebeschnitten zur Diagnosestellung beiträgt.
PEEP	Positive end-expiratory pressure. Aufrechterhalten eines Drucks durch die Beatmungsmaschine am Ende des Ausatmens zum Offenhalten der Lunge.
Perfusor	Gerät, das automatisch kontinuierlich infundiert
Peritonitis	Bauchfellentzündung. Gefürchtete Komplikation bei intraabdominellen Infektionsgeschehen, z. B. bei Blinddarm- oder Gallenblasenentzündungen.
Phlegmone	Gefährliche bakterielle Weichteilinfektion, die sich flächenhaft ausbreitet.
PJ´ler	Student im Praktischen Jahr, das letzte (6.) Jahr des Studiums
Pneu(mothorax)	Lebensbedrohlicher Lufteinschluß im Thorax, der die Lunge, die sich nur durch den Unterdruck im Thorax entfaltet, kollabieren lässt.
Polytrauma	Mehrfachverletzung, bei der mindestens eine Verletzung lebensgefährdend sein muss (dt. Plural: Polytraumen)
Präfinal	Vor dem Tode stehend
Pulsoxy(meter)	Gerät zum Messen der Sauerstoffsättigung im Blut (meistens Hülle mit Lichtsensor, die über einen Finger gestülpt wird).
Pupillenreflex	Das »Zusammenschnurren« der Pupille auf einen Lichtreiz.
Ranitidin	Antihistaminikum (H2-Blocker), welches die Säuresekretion im Magen reduziert und daher bei Gastritiden eingesetzt wird.
Rasselgeräusche (RG)	Hörbar bei der →Auskultation, bei verschiedenen Lungenerkrankungen (z. B. Lungenentzündung).
Reha	Rehabilitation, z. B. in einer ‚Reha-Klinik' zum Wiedererlangen der geschädigten Körperfunktionen.
Respirator	Beatmungsmaschine
Rezidiv	Rückfall
Rivotril®	Wirkstoff: Clonazepam. Medikament gegen Krampfzustände (z. B. bei Epilepsie)
RTA	Radiologisch technische/r Assistent/in
RTW	Rettungstransportwagen

Sättigung	Sauerstoffsättigung im arteriellen Blut. Normalwert: 100%.
Schock	Im medizinischen Sinne nicht wie umgangssprachlich »schockiert sein«, sondern lebensbedrohlicher Volumenmangel mit Kreislaufzentralisation und Mangeldurchblutung von Organen.
Sedieren/sedativ	Beruhigen/beruhigend
Sektion	Eröffnen des toten Körpers und Untersuchung der Organe, um nach dem Tode weitere Erkenntnisse über Erkrankungen oder Todesursache zu gewinnen (→Obduktion)
Sensorik	Funktion der die Empfindung leitenden Nerven.
Sepsis	Generalisierte Streuung von Bakterien im Blut und Organen mit lebensbedrohlichen Symptomen.
Sklera	Die Lederhaut des Auges (das Weiße im Auge, Plural: Skleren).
Sonderrechte	Blaulicht, Sirene, Möglichkeit der Nichtbeachtung von Verkehrsregeln.
Sono(graphie)	Ultraschalluntersuchung zur Darstellung von Organen und Strukturen
Stenose	Engstellung (zumeist eines Gefäßes durch Ablagerung von Kalk oder Fetten).
Stent	Ähnlich der → Ballondilatation wird hier ein Gitternetz in eines verengten → Herzkranzgefäßes entfaltet, um die Blutversorgung des Herzens zu gewährleisten.
Sterofundin	Infusionslösung mit Salzen (Elektrolytlösung), da man freies Wasser nicht infundieren kann, zur schnellen Flüssigkeitssubstitution.
Stiff Neck	Halsmanschette, die den Kopf fixiert (bei Verletzungen der Wirbelsäule).
Stridor	Pfeifgeräusch beim Einatmen. (S. 103)
Supra(renin)®	Wirkstoff: →Adrenalin. Körpereigenes Hormon, das Gefäße engstellt, den Blutdruck steigert und stark aktivierend wirkt. Im Schock oder bei Reanimation wird es als Medikament zur Unterstützung des Kreislaufs eingesetzt.
Synkope	kurzzeitige, anfallsartige Bewusstlosigkeit infolge Minderdurchblutung des Gehirns
Tachykardie	Herzrasen
Thorax	Brustkorb
Tubus	Plastikschlauch, der in die Luftröhre zur künstlichen Beatmung bewusstloser / narkotisierter Patienten vorgeschoben wird (dt. Plural: Tuben)
Valium®	Wirkstoff: Diazepam. Bekanntestes Medikament aus der Gruppe der Benzodiazepine zur Sedierung (Beruhigung).

Varikosis	Krampfadern
Viggo®	Venenverweilkanüle, die es als Zugang ermöglicht, Flüssigkeit und Medikamente venös zu verabreichen
Vitalzeichen	Zeichen des lebenden Menschen, i. A.: Puls, Blutdruck, Temperatur, Atemfrequenz
Volon A®	Wirkstoff: Triamcinolonacetonid. Medikament zur Behandlung von schweren allergischen Zuständen.
Vomex®	Wirkstoff: Dimenhydrinat. Medikament gegen Übelkeit
Zentrales Fieber	Fieber, das durch einen Hirnschaden und dadurch gestörte Temperaturregulation verursacht ist.
Zerebral	Das Gehirn betreffend / im Gehirn
Zerebrovaskuläre Insuffizienz	Minderdurchblutung des Gehirns
Zugang	Venenverweilkanüle, die es ermöglicht, Flüssigkeit und Medikamente venös zu verabreichen (→Viggo®)
ZVK	Zentralvenöser Katheter. Wird als venöser Zugang meistens in Hals- oder Armvene gelegt.